SOLUTIONS
RAISONNÉES
DES PROBLÈMES
D'ARITHMÉTIQUE
DE M. SAIGEY,

PAR M. SONNET,

ANCIEN ÉLÈVE DE L'ÉCOLE NORMALE, AGRÉGÉ DES SCIENCES.

PARIS,
CHEZ L. HACHETTE,
LIBRAIRE DE L'UNIVERSITÉ ROYALE DE FRANCE,
RUE PIERRE-SARRAZIN, 12.

1837.

SOLUTIONS

RAISONNÉES

DES PROBLÈMES

D'ARITHMÉTIQUE.

IMPRIMERIE DE GUIRAUDET ET CH. JOUAUST,
rue Saint-Honoré, n° 315.

EXPLICATION

DES SIGNES

EMPLOYÉS DANS CE VOLUME.

Le signe $+$ s'énonce *plus*; placé entre deux quantités, il indique qu'il faut en faire la somme : ainsi $x+5$ signifie qu'il faut à la quantité désignée par x ajouter le nombre 5; de même $16+x+5$ indique la somme des quantités 16, x et 5.

Le signe $-$ s'énonce *moins*; placé entre deux

quantités, il indique qu'il faut soustraire la seconde de la première : ainsi $x - 5$ signifie qu'il faut de la quantité désignée par x retrancher le nombre 5 ; de même $16 - x - 5$ indique que du nombre 16 il faut retrancher successivement la quantité x et le nombre 5.

Le signe $\times$ s'énonce *multiplié par ;* placé entre deux quantités, il indique qu'il faut en faire le produit : ainsi $x \times 5$ signifie qu'il faut multiplier par 5 la quantité désignée par x. On remplace quelquefois ce signe par un point ; souvent même on le supprime, et l'on se contente de placer à côté l'une de l'autre les quantités dont on veut indiquer le produit ; dans ce cas le facteur numérique se place le premier : ainsi $5 . x$ ou $5x$ ont la même signification que $x \times 5$; de même les expressions $5 \times a \times x$, ou $5 . a . x$, ou $5ax$, indiquent toutes trois le produit des facteurs 5, a et x.

Quand un produit renferme plusieurs facteurs

égaux, on se contente d'écrire l'un d'eux, et l'on place à sa droite et un peu au dessus le nombre qui indique combien il y a de ces facteurs égaux : ainsi 5^2 équivaut à 5×5, $5x^3$ équivaut à $5 \times x \times x \times x$, 5^x indique un produit où le nombre 5 entre pour facteur autant de fois qu'il y a d'unités dans le nombre désigné par x.

Le signe : s'énonce *divisé par ;* placé entre deux quantités, il indique qu'il faut diviser la première par la seconde. Ainsi $x : 5$ signifie qu'il faut diviser x par 5. Pour indiquer la division, on place aussi le diviseur sous le dividende, en les séparant par un trait nommé *barre de division*. Ainsi $\frac{x}{5}$ équivaut à $x : 5$.

Le signe $\sqrt{\ }$ indique qu'il faut prendre la racine carrée de la quantité qui en est affectée, c'est-à-dire le nombre qui, multiplié par lui-même, donne un produit égal à cette quantité : ainsi $\sqrt{25}$

indique la racine carrée de 25, où le nombre qui, multiplié par lui-même, donne pour produit 25; de même $\sqrt{x + 25}$ indique la racine carrée de la somme $x + 25$.

Les parenthèses ( ) expriment le résultat de toutes les opérations indiquées sur les quantités qu'elles enveloppent; les signes qui affectent les parenthèses indiquent les opérations à effectuer sur ce résultat : ainsi $16 - (x - 5)$ indique que du nombre 16 il faut retrancher la différence entre x et 5; $6 \times (x + 5)$ ou $6(x + 5)$ indiquent le produit de 6 par la somme de x et de 5; $(x - 5) : 6$ indique qu'il faut diviser par 6 la différence entre x et 5; $6(x + 5)\left[15 - \frac{10 - x}{2}\right]$ indique un produit dont les facteurs sont 6, la somme de x et de 5, et le résultat qu'on obtient en retranchant du nombre 15 la différence entre 10 et x, divisée par 2; enfin $(x + 5)^3$ indique un produit où la somme de x et de 5 entre trois fois comme facteur.

Le signe $=$ s'énonce *égale ;* il indique que l'ensemble des quantités qui le précèdent est égal à l'ensemble de celles qui le suivent : ainsi

$$5x + \frac{x-2}{7} = \frac{(x+5)^2}{4} - 6(x-3)$$

signifie que, si au produit de 5 par x on ajoute la différence de x et de 2 divisée par 7, on obtiendra le même résultat que si du produit de la somme de x et de 5 par elle-même, divisée par 4, on retranche le produit de 6 par la différence entre x et 3.

L'ensemble des quantités situées d'un même côté du signe $=$ forme l'un des deux *membres* de l'égalité : ainsi dans $x = 5$, qui signifie que x égale 5 ; le premier membre est x et le second est 5.

Les quantités séparées par les signes $+$ ou $-$, et qui ne sont ni enveloppées des mêmes parenthèses, ni affectées de la même barre de division, se nomment *termes* de l'égalité ; l'égalité ci-dessus a quatre termes :

$$5x,\quad \frac{x-2}{7},\quad \frac{(x+5)^2}{4}\quad \text{et}\quad 6(x-3).$$

Les termes précédés du signe + sont des termes additifs ou positifs ; ceux qui sont précédés du signe — se nomment soustractifs ou négatifs ; ceux qui ne sont précédés d'aucun signe sont regardés comme positifs.

Toute opération faite à la fois sur les deux membres d'une égalité ne saurait troubler cette égalité : ainsi on peut leur ajouter ou en soustraire un même nombre, les multiplier ou les diviser par un même nombre, etc.

Dans les proportions arithmétiques, les signes . et : s'énoncent *est à* et *comme ;* ainsi $8 . 5 : 11 . x$

s'énonce 8 est à 5 comme 11 est à *x*, et signifie que la différence des nombres 8 et 5 équivaut à la différence des nombres 11 et *x*.

Dans les proportions géométriques, le signe : s'énonce *est à*, et le signe :: s'énonce *comme;* ainsi 24 : 8 :: 30 : *x* s'énonce 24 est à 8 comme 30 est à *x*, et signifie que le quotient de 24 par 8 équivaut au quotient de 30 par *x*.

Les quatre quantités qui entrent dans une proportion se nomment les *termes* de cette proportion ; le premier et le quatrième sont les *extrêmes*, le second et le troisième sont les *moyens*.

Dans les proportions arithmétiques le quatrième terme équivaut à la somme des moyens, diminuée du premier extrême.

Dans les proportions géométriques le quatrième

terme équivaut au produit des moyens, divisé par le premier extrême.

Les signes *log.*, *l.*, signifient *logarithme;* le signe — placé au dessus de la caractéristique d'un logarithme indique que cette caractéristique seule est négative.

Un, deux, trois accents, etc., placés à droite d'une même lettre, servent à distinguer des quantités de même espèce, et s'énoncent *prime*, *seconde*, *tierce*, etc. : ainsi x', x'', x''', etc., s'énoncent x prime, x seconde, x tierce, etc.

Les signes T., P., *p.*, *l.*, placés à la droite d'un nombre, remplacent les mots *toises*, *pieds*, *pouces*, *lignes*.

Les signes *liv.*, M., O., G., *gr.*, remplacent

de même les mots *livres*, *marcs*, *onces*, *gros*, *grains*.

Les signes *liv.*, *s.*, *d.*, remplacent les mots *livres*, *sous*, *deniers*.

Les lettres *m.*, *d.*, *c.*, remplacent les mots *mètres*, *décimètres*, *centimètres*; les lettres *kil.* ou *k.* remplacent *kilomètres*.

Les lettres *kil.* ou *k.* signifient souvent *kilogrammes*; les lettres *gr.* signifient *grammes*.

La lettre *l.* signifie souvent *litres*, ainsi que les lettres *lit.*

Les lettres *fr.*, *c.*, signifient *francs* et *centimes*.

Les signes T. *c.*, P. *c.*, *p. c.*, *l. c.*, *m. c.*, *d. c.*, *c. c.*, signifient *toises carrées*, *pieds carrés*, *pouces carrés*, *lignes carrées*, *mètres carrés*, *décimètres carrés*, *centimètres carrés.*

Les signes *arp.*, *ar.*, *cent.*, signifient *arpents*, *ares*, *centiares.*

Les signes T. C., P. C., *p.* C., *l.* C., *m.* C., *d.* C., *c.* C., signifient *toises cubes*, *pieds cubes*, *pouces cubes*, *lignes cubes*, *mètres cubes*, *décimètres cubes*, *centimètres cubes.*

Les mots *jours*, *heures*, *minutes*, *secondes*, se désignent respectivement par la lettre *j.*, par la lettre *h*, par un accent et par deux accents : ainsi 365 *j.* 5 *h.* 48' et 51", signifie 365 jours 5 heures 48 minutes et 51 secondes.

Les mots *degrés*, *minutes*, *secondes*, se désignent

respectivement par un ° placé à la droite du nombre, qui exprime les degrés, et un peu au dessus, par un accent et par deux accents : ainsi 25° 22' 40'' signifie 25 degrés 22 minutes 40 secondes.

SOLUTIONS DÉVELOPÉES

DES

PROBLÊMES D'ARITHMÉTIQUE

ET EXERCICES DE CALCUL.

NUMÉRATION.

1. Séparez le nombre en tranches de trois chiffres, à partir de la droite; énoncez, à partir de la gauche, chaque tranche séparément, en commençant par les centaines, puis les dizaines, puis les unités, que vous ferez suivre du nom de cette tranche.

Le dernier exemple de ce numéro s'énoncera ainsi :

Soixante et onze milliards cent seize millions
trois cent cinquante-deux mille neuf cent
quatre-vingt-quatorze.

2. 3. Même solution.

4. Écrivez successivement les centaines, dizaines et unités, de chaque classe ternaire, en commençant par la plus élevée, et remplacez par des zéros les ordres d'unités qui manquent.

Le dernier exemple de ce numéro s'écrira ainsi :

249650036

ADDITION DES NOMBRES ENTIERS.

5. Placez les nombres l'un sous l'autre, de manière à ce que les unités du même rang se correspondent; additionnez séparément chaque colonne, en commençant par la gauche, et placez la somme sous le trait dans la même colonne. Les résultats seront :

458 893 6849 3738 9999

6. 7. 8. Même solution. Quand l'addition d'une colonne fournit un nombre composé de dizaines et d'unités, n'écrivez que les unités dans la même colonne, et retenez les dizaines pour les joindre à la colonne suivante. On trouvera ainsi :

1672	1521	10451	10243	9808
12418	19725	14337	12929	14201
1679	15467	126392	104107	100638

9. A la date de la naissance 1823
ajoutez l'âge donné 25
La somme est la date cherchée 1848

10. A la somme qu'a reçu le premier 35 fr.
ajoutez 12
Le total est ce qu'a reçu le second 47 fr.
Ajoutez encore 35
Le total est ce qu'a reçu le troisième 82 fr.

11. Il a vendu le lundi pour 27 fr.

le mardi	36
le mercredi	19
le jeudi	25
le vendredi	15
le samedi	38

Le total est la recette cherchée 160 fr.

12.

Janvier a	31 jours
Février	28
Mars	31
Avril	30
Mai	31
Juin	30
Juillet	31
Août	31
Septembre	30
Octobre	31
Novembre	30
Décembre	31
Total. . .	365 jours

Ce total est le nombre des jours de l'année.

13. Il a fait le premier jour 5 lieues

le second	6
le troisième	4
le quatrième	8

Le total est le chemin parcouru 23 lieues

14. Pour rapporter

le 2e fagot il devra parcourir		40 mètres
le 3e il parcourra	40 mètres de plus, ou	80
le 4e	40	120
le 5e	40	160
le 6e	40	200
le 7e	40	240
le 8e	40	280
le 9e	40	320
le 10e	40	360
le 11e	40	400
le 12e	40	440
le 13e	40	480
le 14e	40	520
le 15e	40	560
	Le total est le chemin parcouru	4200 mètres

15.

A	27 ans
ajoutez	12
puis	5
puis	7
puis	11
Le total	62 ans est l'âge cherché.

16. Il a travaillé

	12 jours, a fait	48 mèt. d'ouvrage, a reçu	240 f.
puis	8	32	160
puis	6	25	104
Donc en tout	26 jours	105 mèt.	504 f.

17.

Au premier héritier	12560	fr.
Au second	8200	
Au troisième	5000	
Aux hôpitaux	5800	
A la commune	1200	
Au presbytère	560	
Aux pauvres	1000	
Le total est la fortune du défunt	34320	fr.

18.

Europe	168000000	d'habitants
Asie	580000000	
Afrique	92000000	
Amérique	150000000	
Océanie	10000000	
Total	1000000000	d'habitants

19.

Au prix d'achat	3215	fr.
ajoutez le gain demandé	530	
Le total est le prix cherché	3745	fr.

20.

De Dunkerque à Paris	124945	toises
De Paris à Évaux	152293	
D'Evaux à Carcassonne	168847	
Total de Dunkerque à Carcassonne	446085	toises

21. Aux 7 degrés nord
ajoutez les 5 sud

Le total 12 degrés sera la distance des deux villes.

22.

Nitre	150 kilogrammes
Charbon	25
Soufre	25
Poids total de la poudre	200 kilogrammes

23.

Premier lot	456 ares
Second	280
Troisième	1225
Superficie totale	1961 ares

24.

Le premier a eu			76 fr.
Le second	76 fr.		
plus encore	14		
c'est-à-dire	90 fr.		90
Le troisième		90 fr.	
plus encore		28	
c'est-à-dire		118 fr.	118
Le total est la somme cherchée			284 fr.

SOUSTRACTION DES NOMBRES ENTIERS.

25. Placez le plus petit nombre sous le plus grand, de manière que les unités de même ordre se correspondent. Dans chaque colonne, en commençant par la droite, retranchez le chiffre inférieur du supérieur,

écrivez le reste sous le trait dans la même colonne. Les restes seront :

327 2025 3540 3002 2104

26. 27. 28. 29. Même solution. Si le chiffre inférieur est plus grand que le chiffre supérieur, augmentez celui-ci de 10 pour rendre la soustraction possible ; mais, dans la colonne suivante, augmentez le chiffre inférieur d'une unité. On trouvera ainsi :

165	3118	2989	338	3673
415	2837	2962	5214	1427
449	1455	1592	12877	23656
2701	43667	30967	38018	26967

30.

Ce joueur avait	57 fr.
Il perd	34
Reste cherché	23 fr.

31.

Elle a après le jeu	27 fr.
Elle avait avant	13
Le reste est la somme cherchée	14 fr.

32.

Elle avait en entrant	125 fr.
Elle sort avec	33
Le reste est la somme dépensée	92 fr.

33.

De la somme	5800 fr.
retranchez la partie connue	4562
Le reste est ce qu'il faut ajouter	1238 fr.

34. Date de la mort 1831
de la naissance 1786

Le reste est l'âge cherché 45 ans

35. De 50 ans
ôtez 21

Le reste 29 ans ajouté à 1833 donne 1862 pour le nombre cherché.

36. Poids de la caisse pleine 147 livres
de la caisse vide 25

La différence 122 livres est le poids de la marchandise.

37. 135 livres. Même solution que le précédent.

38. Charge primitive 185 livres
Passé au 2e porteur 78

Charge restante 107 livres

39. On avait 127 livres de marchandises
On a vendu d'abord 41 liv.
puis 26
puis 15

Total 82 liv. 82

La différence est le nombre cherché 45 liv.

40. De Paris à Londres il y a 98 lieues
De Douvres à Londres 23

La différence est la distance
de Paris à Douvres 75 lieues

41. Du second âge du père 56 ans
retranchez le premier 32

La différence sera l'âge cherché 24 ans

42. On revend 133 fr.
On a acheté 115

La différence 18 fr. est le gain cherché.

43. On achète 36800 fr.
On revend 29950

La différence 6850 fr. est la perte cherchée.

44. Elle devait 409 fr.
Elle a payé 296

La différence est la dette restante 113 fr.

45. Plus grande distance 35183000 lieues
Plus courte 34017200

Différence 1165800 lieues

46. Hauteur primitive 115 pouces
Baisse 19

La différence est la profondeur cherchée 96 pouces

47. Plus grande latitude 59 degrés
Plus petite 47

La différence 12 degrés est la distance cherchée.

48. Plus grande longitude 125 degrés
Plus petite 36

Différence cherchée 89 degrés

49. Longueur 236 mètres
Largeur 17

Différence des dimensions 219 mètres

50. Dernière apparition en 1835
Durée de l'absence 76 ans

La différence est la date cherchée 1759

51. Date de la 2e révolution 1830
de la 1re 1789

La différence est le temps cherché 41 ans

52. Rayon de l'équateur 6376984 mètres
Rayon du pôle 6356324

La différence 20660 mètres est l'aplatissement de la terre au pôle.

53. Longueur du dernier degré 57286 toises
du premier 56731

La différence est l'augmentation cherchée 555 toises

MULTIPLICATION DES NOMBRES ENTIERS.

54. Placez le multiplicateur sous les unités du multiplicande; multipliez successivement, à partir de la droite, chaque chiffre de ce multiplicande, et écrivez le produit partiel sous le chiffre multiplié : si ce produit partiel contient des dizaines et des unités, n'en écrivez que les unités, et retenez les dizaines pour les joindre au produit suivant. On trouvera :

1re colonne 46 468 2684 135 1012

2e colonne 2085 3048 17311 36712 324360

55. Multipliez indifféremment 24 par 2, puis le produit par 3, ou 24 par le produit de 2 par 3.

Même solution pour les autres exemples. On trouvera :

144 3040 15092 146664 1620 7156 231525

56. Multipliez les deux nombres, abstraction faite des zéros qui les terminent, et ajoutez au produit autant de zéros qu'il y en avait dans les deux facteurs réunis. On trouvera :

1re colonne 60 900 49000 450000 100 1000
100000 200 6000 1200000 10000000
900000000

2e colonne 960 22800 129000 338400 4600
168000 1944000 45100000 279000000
88683000 1867600000 4628000000

57. 58. Placez le multiplicateur sous le multiplicande. Multipliez successivement le multiplicande par les unités, dizaines, centaines, etc., du multiplicateur, en plaçant le premier chiffre à droite du produit partiel sous le chiffre qui a servi de multiplicateur ; la somme de ces produits sera le produit demandé. On trouvera ainsi :

1re colonne 4945 14770 33887 117708 1132644 3166294 1997472

2e colonne 32472 710355 2120909 6679824 46203608 265251387 2892310528

1re colonne 1691152 17890728 140842210 1022084700 3718520520 36941300307

2e colonne 38304042 319679400 1053702000 35399224914 277096879050 2956329587460

59. $1 \times 2 = 2$, $2 \times 3 = 6$, $6 \times 4 = 24$, $24 \times 5 = 120$, $120 \times 6 = 720$, $720 \times 7 = 5040$, $5040 \times 8 = 40320$, et enfin $40320 \times 9 = 362880$

60. Voici la suite des multiplications à effectuer :

```
 204        1428        34272        1713600
   7          24           50            106
----        ----      -------      ---------
1428        5712      1713600       10281600
           2856                    17136
           -----                   ---------
           34272                   181641600
```

et enfin

```
 181641600
       220
----------
3632832000
3632832
-----------
39961152000
```

qui est le produit cherché.

61. Multipliez 23 fr. par 8 , le produit 184 fr. est le nombre cherché.

62. Multipliez 36 fr. par 15, le produit 540 fr. est le nombre cherché.

63. 4 fr. × 7 = 28 fr., 28 fr. × 6 = 168 fr.

64. 48 livres à 5 f. la livre font 5 f. × 48 ou 240 f.
Les marchandises ont coûté 200
La différence est le gain cherché 40 f.

65. 175 fr. × 12 mois = 2100 fr.

66. 45 fr. × 52 semaines = 2340 fr.

67. 60 secondes × 36 = 2160 secondes

68. 60 minutes × 12 = 720 minutes

69. 24 heures × 7 = 168 heures

70. 60 minutes × 39 = 2340 minutes
Ajoutez 7
La somme 2347 minutes est le nombre cherché.

71. 24heures × 2 = 48 heures
Ajoutez 6
Total 54 heures

54 heures × 60 minutes = 3240 minutes
Ajoutez 15

Total 3255 minutes

Enfin 3255 minutes × 60 = 195300 minutes

72. 365 jours × 6 années = 2190 jours
31 × 4 mois = 124
30 × 3 = 90
Ajoutez 28
plus encore 14
plus, pour les deux années bissextiles, 2

Total 2448 jours

2448 fois 24 heures = 58752 heures
58752 60 minutes = 3525120 minutes
Enfin 3525120 60 secondes = 211507200 secondes

73. 12 lieues × 7 jours = 84 lieues

74. 3 fr. × 365 jours = 1095 fr.
25 × 12 mois = 300
Ajoutez 300
plus 80
plus encore 150

Le total est la dépense cherchée 1925 fr.

75. 5 minutes × 38 sillons = 190 minutes

76. Cette marchandise a été vendue 320 fr.
2 fr. × 40 livres = le gain total = 80

La différence est le prix cherché 240 fr.

77. 360 fois 25 lieues communes = 9000 lieues c.
360 20 lieues marines = 7200 lieues m.

78. Valeur du billet 500 fr.
3 fr. × 150 kilogrammes = 450
La différence est ce qu'il faut rendre 50 fr.

79. 10 heures × 14 jours = 140 heures employées par les 36 ouvriers ; un seul ouvrier emploiera 36 fois ce nombre d'heures :

140 heures × 36 = 5040 heures

80. 36 mètres × 4 côtés = 144 mètres

81. 12 mètres × 2 côtés + 7 mètres × 2 côtés
= 38 mètres

82. 60 minutes × 2 heures = 120 minutes
Ajoutez 3
Total 123 minutes

60 secondes × 123 minutes = 7380 secondes
Ajoutez 14
Total 7394 secondes

12 tours × 7394 secondes = 88728 tours

83. 25 feuilles × 20 mains = 500 feuilles

84. 1 f. × 1000 grammes (1 kilog.) = 1000 f. le kil.
On a acheté à 915
La différence est le prix cherché 85 f. le kil.

85. $4 \times 3 = 12.$

86. On en pourra mettre au fond une couche de 5 fois 8 ou 40 ; il y aura 4 de ces couches :

$$40 \times 4 = 160$$

87. Il faut, comme plus haut, multiplier les 3 dimensions. Ici elles sont égales :

$$6 \times 6 \times 6 = 216.$$

DIVISION DES NOMBRES ENTIERS.

88. 89. Le diviseur n'ayant qu'un chiffre, on le place à la droite du dividende ; on cherche combien de fois le diviseur est contenu dans le premier ou les deux premiers chiffres à gauche du dividende : on obtient ainsi le premier chiffre du quotient ; on fait le produit du diviseur par ce premier chiffre, et on soustrait ce produit du premier dividende partiel ; à côté du reste on abaisse le chiffre suivant du dividende, et l'on opère sur ce second dividende partiel comme on a opéré sur le premier ; on continue ainsi jusqu'à ce que tous les chiffres du dividende soient épuisés.

Quand un dividende partiel ne contient pas le diviseur, on pose zéro au quotient, et l'on abaisse le chiffre suivant du dividende. On trouvera ainsi :

1re colonne.	24	134	204	3000
2e colonne.	123	302	1020	1000

1re colonne.	2816	585	2601	1265
2e colonne.	3041	2910	1821	3512

90. 91. Le diviseur ayant plusieurs chiffres, on le place à droite du dividende; on prend sur la gauche du dividende assez de chiffres pour former un premier dividende partiel qui contienne le diviseur; on opère ensuite comme lorsque le diviseur n'a qu'un chiffre, en cherchant combien de fois le diviseur est contenu dans le dividende partiel. Pour éviter les tâtonnements on peut d'avance faire les produits du diviseur par les 9 premiers nombres. On fait le produit du diviseur par le chiffre trouvé au quotient; on soustrait ce produit du dividende partiel; à côté du reste on abaisse le chiffre suivant du dividende.

Quand un dividende partiel ne contient pas le diviseur, on pose zéro au quotient, et l'on abaisse un nouveau chiffre du dividende.

Quand le dividende et le diviseur sont terminés par des zéros, on en supprime à la fois chez tous deux autant qu'il s'en trouve chez celui qui en a le moins.

Quand le dernier dividende partiel ne contient pas le diviseur un nombre exact de fois, il y a un reste. On trouvera ainsi :

1re colonne.	367	361	253	4614	7234	1504
	2343	3333	1433			
2e colonne.	4312	1123	1111	713	3145	463
	236	217	72			
1re colonne.	2453	334	5613	7304	8010	30056
	2631	4163	263			

2e colonne.	3050, reste 193	691, reste 172
	4221, reste 269	2350, reste 207
	6662, reste 595	25805, reste 607
	4788, reste 503	68244, reste 1401
	9898, reste 837	

92. 3416 fr. : 2 personnes = 1708 fr.

93. 73500 fr. : 3 enfants = 24500 fr.

94. 384 fr. : 24 aunes = 16 fr.

95. 444 fr. : 37 kilogr. = 12 fr.

96. Poids de la caisse pleine 125 livres
vide 32

La différence est le poids de la marchandise 93 livres

372 fr. : 93 livres = 4 fr.

97. Poids du ballot 192 kil.
192 : 4 = le poids de l'emballage 48

La différence est le poids de la marchandise 144 kil.

432 fr. : 144 kil. = 3 fr.

98. 90 : 5 = 18, nombre des ouvriers.

99. 420 mètres : 3 jours = 140 jours.

100. 960 exemplaires : 6 jours = 160 exemplaires.

101. 3465 fr. : 5 personnes = 693 fr.

102. 144 : 3 = 48 décalitres.

103. 5448 f. : 2 = 2724 f. 1re part.
Le reste, 2724 f. : 3 = 908 f. 2e part.
De 2724 f. ôtez 908 f.,
il restera 1816 f.
Ce reste, 1816 f. : 4 = 454 f. 3e part.

104. 105 lieues : 15 jours = 7 lieues par jour.

105. Les 9000 lieues, à une lieue par heure, représentent 9000 heures.

9000 heures : 24 heures = 375 jours

106.

34600000 lieu^{es} × 20 sec^{s} = 692000000 secondes
692000000 sec^{s} : 60 = 11533333 min^{s} et 20 sec^{s}
11533333 min^{s} : 60 = 1922222 h^{res} et 13 min^{s}
1922222 h^{res} : 24 = 8009 jours et 6 h^{res}
8009 jours : 365 = 21 ans et 344 j^{rs}

La durée du trajet serait donc :

21 ans 344 jours 6 heures 13 minutes 20 secondes

107. 2920 fr. : 365 jours = 8 fr., revenu d'un jour. Elle pourra donc dépenser par jour 8 fr. — 1 fr., c'est-à-dire 7 fr.

108. 8 minutes × 60 secondes = 480 secondes
Ajoutez 13
Total 493 secondes

34600000 lieues : 493 secondes = 70182 lieues (plus un reste).

109. 360 : 2 = 180 360 : 4 = 90

110. 512 pages : par 16 pages = 32 feuilles

FRACTIONS ORDINAIRES.

111. 112. Énoncez ou écrivez d'abord le numérateur; énoncez ou écrivez ensuite le dénominateur, suivi de la terminaison *ièmes*.

113. L'énoncé se compose de deux nombres; écrivez le premier au numérateur et le second au dénominateur (c'est-à-dire au-dessous du premier, et séparé de lui par un trait).

114. Prenez le dividende pour numérateur et le diviseur pour dénominateur.

115. Convertissez le numérateur en dixièmes, en mettant un zéro à sa droite; divisez ce nombre de dixièmes par le dénominateur, vous obtiendrez le chiffre des dixièmes du quotient; convertissez le reste en centièmes, en plaçant un zéro à sa droite; divisez ce nombre de centièmes par le dénominateur, vous obtiendrez le chiffre des centièmes du quotient; convertissez le reste en millièmes, etc., etc., et ainsi de suite. On trouvera :

0,5 0,666... 0,571... 0,888... 0,25 0,1666
0,1818... 0,3846 0,6363... 1,097... 3,2
1,984... 6,649... 11,313... 1,025

116. Prenez pour numérateur la partie décimale

donnée, et pour dénominateur l'unité, suivie d'autant de zéros que cette partie décimale contient de chiffres.

117. Prenez pour numérateur le nombre donné, abstraction faite de la virgule, et pour dénominateur l'unité, suivie d'autant de zéros qu'il y a de chiffres après la virgule.

118. Divisez les deux termes de la fraction d'abord par 2, autant de fois que cela est possible; puis par 3, autant de fois que cela est possible; puis par 5, par 7, etc., et par tous les nombres premiers, jusqu'à ce que les deux termes de la fraction soient premiers entre eux. (Ce dont on est assuré quand on a essayé comme diviseurs tous les nombres premiers, moindres que la moitié du numérateur.) On trouvera :

1re ligne. $1 \quad \frac{1}{2} \quad \frac{1}{2} \quad \frac{1}{2}$

2e ligne. $\frac{1}{3} \quad \frac{1}{3} \quad \frac{1}{4} \quad \frac{1}{5} \quad \frac{1}{4} \quad \frac{1}{6} \quad \frac{1}{7} \quad \frac{1}{10}$

3e ligne. $\frac{1}{3} \quad \frac{2}{3} \quad \frac{3}{4} \quad \frac{4}{7} \quad \frac{5}{9} \quad \frac{11}{12} \quad \frac{13}{30} \quad \frac{1}{2}$

4e ligne. $\frac{17}{19} \quad \frac{7}{9} \quad \frac{5}{18} \quad \frac{6}{7} \quad \frac{17}{25} \quad \frac{10}{17} \quad \frac{32}{33}$

5e ligne. $\frac{539}{693} \quad \frac{253}{462} \quad \frac{3}{17} \quad \frac{115}{116} \quad \frac{2}{3}$

ADDITION DES FRACTIONS ORDINAIRES.

119. Les dénominateurs étant les mêmes, le numérateur de la somme sera la somme des numérateurs. On trouve :

$$\frac{3}{2} \quad \frac{3}{3} \quad \frac{5}{4} \quad \frac{10}{5} \quad \frac{11}{10} \quad \frac{12}{7} \quad \frac{24}{15} \quad \frac{563}{491}$$

120. Divisez le numérateur par le dénominateur, le quotient sera l'entier et le reste le numérateur de la fraction. On trouve :

1re ligne. $1 \quad 1 \text{ et } \frac{1}{2} \quad 1 \quad 1 \quad 2 \quad 1 \text{ et } \frac{6}{7} \quad 1 \text{ et } \frac{3}{5}$

$1 \text{ et } \frac{11}{491} \quad 8 \text{ et } \frac{2}{45}$

2e ligne. $7 \text{ et } \frac{11}{16} \quad 15 \text{ et } \frac{1}{8} \quad 12 \text{ et } \frac{12}{37} \quad 11 \text{ et } \frac{13}{27}$

$64 \text{ et } \frac{2}{9} \quad 11 \text{ et } \frac{141}{260}$

3e ligne. $12 \text{ et } \frac{217}{362} \quad 24 \text{ et } \frac{139}{507} \quad 12 \text{ et } \frac{402}{719}$

$259 \text{ et } \frac{64}{111} \quad 46 \text{ et } \frac{3}{25}$

121. Réduisez les fractions proposées au même dénominateur, en multipliant les deux termes de chacune par le dénominateur de l'autre, et opérez comme au n° 119. On trouve :

1re colonne. $\frac{5}{6}$ $\frac{13}{20}$ 1 et $\frac{5}{12}$. $\frac{75}{77}$

2e colonne. 1 et $\frac{131}{255}$ $\frac{150091}{176760}$ $\frac{57853}{111873}$ $\frac{751946}{12482505}$

122. 123. Réduisez les fractions proposées au même dénominateur, en multipliant les deux termes de chacune par le produit des dénominateurs de toutes les autres, et opérez comme au n° 119.

Si tous les dénominateurs ne sont pas *premiers* entre eux, formez le *plus petit dénominateur commun*, en multipliant entre eux tous les *facteurs premiers* contenus dans les divers dénominateurs, et affectant chacun de la *plus haute puissance* qu'il ait dans ces dénominateurs. On trouvera :

1 et $\frac{29}{30}$ 2 et $\frac{43}{462}$ 2 et $\frac{601}{1260}$ 2 et $\frac{827}{12540}$ $\frac{53}{120}$

$\frac{7}{9}$ 1 et $\frac{19}{72}$ 1 et $\frac{13}{20}$ 1 et $\frac{61}{140}$

124. Multipliez l'entier par le dénominateur proposé, le produit sera le numérateur cherché, le dénominateur restera le même. On trouvera :

$\frac{12}{4}$ $\frac{30}{6}$ $\frac{63}{9}$ $\frac{300}{25}$ $\frac{1008}{48}$ $\frac{27342}{217}$

125. Multipliez l'entier par le dénominateur de la fraction, au produit ajoutez le numérateur de cette fraction : la somme sera le numérateur cherché, le dénominateur restera le même. On trouvera :

1re colonne. $\frac{9}{2}$ $\frac{23}{3}$ $\frac{89}{7}$

2e colonne. $\frac{95}{12}$ $\frac{107}{4}$ $\frac{3273}{26}$

126. Mettez l'expression fractionnaire sous forme de fraction, additionnez ensuite comme s'il s'agissait de fractions ; on trouvera :

8 et $\frac{1}{6}$ 14 et $\frac{13}{20}$ 74 et $\frac{323}{385}$ 32 et $\frac{1}{4}$

127. Même solution. On trouvera :

1re colonne. $\frac{95}{12}$ $\frac{655}{52}$

2e colonne. $\frac{43}{2}$ $\frac{94}{45}$

128. $\frac{3}{4}$ d'aune $+ \frac{2}{7}$ d'aune $= \frac{21}{28} + \frac{8}{28}$

$= \frac{29}{28} = 1\frac{1}{28}$ d'aune

129. $21\frac{2}{7} + 3\frac{5}{7} = \frac{149}{7} + \frac{26}{7} = \frac{175}{7}$

$= 25$ aunes

130. $3\frac{1}{2}+5\frac{2}{5}+6\frac{3}{4}+7=\frac{7}{2}+\frac{27}{5}+\frac{27}{4}$
$+7=\frac{70}{20}+\frac{108}{20}+\frac{135}{20}+\frac{140}{20}$
$=\frac{453}{20}=22$ aunes $\frac{13}{20}$.

131. $\frac{1}{3}+\frac{1}{4}=\frac{7}{12}$. Or, le nombre dont les $\frac{7}{12}$ font 7 n'est autre que 12 lui-même.

132. $\frac{1}{2}+\frac{2}{3}+\frac{3}{7}=\frac{67}{42}$. Le nombre dont les $\frac{67}{42}$ font 67 n'est autre que 42 lui-même.

133. $24\frac{3}{4}+12\frac{2}{5}+6\frac{1}{2}+3\frac{3}{4}+7\frac{1}{3}$
$=\frac{3284}{60}=54\frac{11}{15}$

134. Le premier ouvrier, faisant l'ouvrage en 15 heures, fera en 1 heure $\frac{1}{15}$ de cet ouvrage; par la même raison, le second ouvrier en fera $\frac{1}{12}$ dans le même temps.

Or, $\frac{1}{15}+\frac{1}{12}=\frac{4}{60}+\frac{5}{60}=\frac{9}{60}=\frac{3}{20}$. S'ils en font ensemble $\frac{3}{20}$ en 1 heure, ils feront en 20 heures le triple de cet ouvrage : ils feront donc ce même ouvrage dans le tiers de 20 heures, ou $\frac{20}{3}$, ou 6 heures $\frac{2}{3}$.

135. En 1 heure l'homme fera $\frac{1}{8}$ de l'ouvrage, la femme $\frac{1}{10}$, et l'enfant $\frac{1}{15}$. La somme de ces fractions étant $\frac{35}{120}$ ou $\frac{7}{24}$, s'ils font ensemble en 1 heure les $\frac{7}{24}$ de l'ouvrage, en 24 heures ils feront 7 fois cet ouvrage : donc, en $\frac{24}{7}$ d'heure ou 3 heures $\frac{3}{7}$, ils feront cet ouvrage même.

136. Le premier ouvrier, faisant l'ouvrage en 3 heures $\frac{1}{2}$ ou $\frac{7}{2}$ heures, en 7 heures fera 2 fois l'ouvrage, et en 1 heure en fera les $\frac{2}{7}$; de même le second en fera $\frac{3}{13}$. Or, $\frac{2}{7}+\frac{3}{13}=\frac{47}{91}$; s'ils en font en 1 heure les $\frac{47}{91}$, en 91 heures ils feront 47 fois cet ouvrage : donc en $\frac{91}{47}$ d'heure, ou 1 heure $\frac{44}{47}$, ils feront cet ouvrage 1 fois.

137. La première fontaine fournit en 1 minute $\frac{3}{5}$ d'hectolitre, ou $\frac{300}{5}$ de litre, ou enfin 60 litres ; la seconde fournit dans le même temps $\frac{8}{7}$ de litre, la troisième 4 litres, la quatrième $\frac{5}{8}$ de litre. La somme des quantités $60 + \frac{8}{7} + 4 + \frac{5}{8}$ est $\frac{3683}{56}$; elle exprime le nombre total de litres fournis dans 1 minute : en le multipliant par 60, on aura le nombre de litres fournis dans 1 heure. On trouve ainsi :

$$\frac{3683}{56} \times 60 = \frac{220980}{56} = 3946 \text{ lit. } \frac{1}{14} = 39 \text{ hectolit.}$$

$$46 \text{ litres } \frac{1}{14}$$

SOUSTRACTION DES FRACTIONS ORDINAIRES.

138. Les dénominateurs étant les mêmes, retranchez le plus petit numérateur du plus grand ; le reste sera le numérateur cherché, le dénominateur sera celui des fractions mêmes. On trouvera :

1re colonne.	$\frac{1}{2}$	$\frac{2}{5}$	$\frac{2}{5}$
2e colonne.	$\frac{7}{29}$	$\frac{1}{57}$	$\frac{2}{9}$
3e colonne.	$\frac{136}{567}$	$\frac{15}{103}$	$\frac{17}{50}$

139. Réduisez les fractions au même dénominateur, et opérez comme ci-dessus. On trouvera :

1re colonne.	$\frac{1}{4}$	$\frac{2}{15}$	$\frac{1}{42}$
2e colonne.	$\frac{19}{123}$	$\frac{3}{26}$	$\frac{94}{629}$
3e colonne.	$\frac{117}{506}$	$\frac{13866}{19693}$	$\frac{3041}{8323}$

140. 141. Réduisez les entiers en fractions, et opérez comme ci-dessus. On trouvera :

1re colonne.	1	8 et $\frac{1}{7}$
2e colonne.	80 et $\frac{12}{23}$	159 et $\frac{44}{53}$
1re colonne.	$\frac{5}{6}$	1 et $\frac{13}{20}$
2e colonne.	7 et $\frac{11}{12}$	10 et $\frac{61}{63}$

142. $1-\frac{3}{7}=\frac{7}{7}-\frac{3}{7}=\frac{4}{7}$.

143. $\frac{1}{3}+\frac{1}{4}=\frac{7}{12}$ $\quad 1-\frac{7}{12}=\frac{12}{12}-\frac{7}{12}=\frac{5}{12}$.

144. $\frac{1}{3}+\frac{1}{4}+\frac{1}{5}=\frac{20}{60}+\frac{15}{60}+\frac{12}{60}=\frac{47}{60}$

$1-\frac{47}{60}=\frac{13}{60}$

145. $3\frac{1}{2}-1\frac{3}{4}=\frac{7}{2}-\frac{7}{4}=\frac{7}{4}=1\frac{3}{4}$

146. $152\frac{1}{2}-3\frac{3}{4}=\frac{610}{4}-\frac{15}{4}=\frac{595}{4}=148\frac{3}{4}$l.

147. Le poids du flacon plein, ou 5 livres $\frac{3}{4}$, diminué du poids du flacon vide, ou 1 livre $\frac{2}{5}$, donnera le poids de l'eau contenue. On trouve ainsi :

$$\frac{23}{4}-\frac{7}{5}=\frac{115}{20}-\frac{28}{20}=\frac{87}{20}=4 \text{ livres } \frac{7}{20}$$

148. $48\frac{3}{4}-41\frac{1}{2}=\frac{195}{4}-\frac{166}{4}=\frac{29}{4}$

$=7$ livres $\frac{1}{4}$

149. Le premier voyageur fait dans une heure $\frac{4}{3}$ de lieue, le second fait dans le même temps $\frac{3}{4}$ de lieue : la différence, $\frac{4}{3}-\frac{3}{4}$ ou $\frac{16}{12}-\frac{9}{12}=\frac{7}{12}$ de lieue, est le nombre cherché.

150. Les deux voyageurs font en 1 heure, l'un $\frac{5}{4}$, l'autre $\frac{6}{5}$ de lieue, ou l'un $\frac{25}{20}$, et l'autre $\frac{24}{20}$: le premier gagne donc par heure $\frac{1}{20}$ de lieue.

151. Les deux fontaines fournissent par heure, l'une $\frac{14}{3}$ de litre, l'autre $\frac{23}{5}$; ou, en réduisant au même dénominateur, l'une $\frac{70}{15}$, et l'autre $\frac{69}{15}$: la première fournit donc par heure $\frac{1}{15}$ de litre de plus.

152. 98 degrés $\frac{3}{4}$ — 56 degrés $\frac{2}{5}=\frac{395}{4}-\frac{282}{5}$ $=\frac{1975}{20}-\frac{1128}{20}=\frac{847}{20}=42$ degrés $\frac{7}{20}$

153. 3 pieds $\frac{1}{2}$ — 2 pieds $\frac{3}{4}=\frac{7}{2}-\frac{11}{4}=\frac{14}{4}-\frac{11}{4}$ $=\frac{3}{4}$ de pied.

MULTIPLICATION DES FRACTIONS ORDINAIRES.

154. 155. Multipliez le nombre donné et le numérateur de la fraction l'un par l'autre, vous obtiendrez le numérateur du produit; le dénominateur sera celui de la fraction. On trouvera ainsi :

1re colonne.	1	1 et $\frac{1}{3}$	1 et $\frac{4}{5}$
2e colonne.	4 et $\frac{3}{13}$	$\frac{119}{128}$	1 et $\frac{129}{131}$
3e colonne.	7 et $\frac{72}{469}$	$\frac{4573}{5000}$	8 et $\frac{196}{231}$

1re colonne.	1 et $\frac{1}{5}$	2 et $\frac{4}{7}$
2e colonne.	9 et $\frac{3}{5}$	11 et $\frac{1}{20}$
3e colonne.	9 et $\frac{15}{17}$	24 et $\frac{18}{25}$

156. Le numérateur du produit sera le produit des numérateurs, le dénominateur du produit sera le produit des dénominateurs. On trouve :

1re colonne.	$\frac{3}{10}$	$\frac{12}{35}$
2e colonne.	$\frac{14}{27}$	$\frac{44}{221}$
3e colonne.	$\frac{39}{740}$	$\frac{1476}{25300}$

157. Divisez le dénominateur de la fraction par le nombre donné, vous obtiendrez le dénominateur du produit; son numérateur sera celui de la fraction dividende. On trouve :

1re colonne.	$\frac{1}{2}$	1 et $\frac{1}{2}$
2e colonne.	3 et $\frac{1}{2}$	1 et $\frac{2}{3}$
3e colonne.	8 et $\frac{1}{7}$	10 et $\frac{8}{11}$

158. Réduisez les entiers en fractions, et opérez comme pour des fractions. On trouve :

1re colonne.	10 et $\frac{2}{3}$	70 et $\frac{2}{7}$	326 et $\frac{3}{5}$
2e colonne.	4 et $\frac{1}{2}$	19 et $\frac{3}{8}$	45
3e colonne.	13 et $\frac{1}{5}$	62 et $\frac{1}{2}$	32 et $\frac{32}{33}$

159. Le tiers de 44 est $\frac{44}{3}$, les deux tiers seront $\frac{44 \times 2}{3} = \frac{88}{3} = 29 \frac{1}{3}$

160. De même, $\frac{5}{7} : 5 = \frac{1}{7}$ $\quad \frac{1}{7} \times 3 = \frac{3}{7}$

161. $\frac{24}{3} = 8$ $\quad \frac{8}{2} = 4$; ou bien, $\frac{24}{2 \times 3} = \frac{24}{6} = 4$

162. Les $\frac{3}{4}$ de 56 sont $\frac{56 \times 3}{4}$, ou 42 ; les $\frac{2}{3}$ de 42 sont $\frac{42 \times 2}{3} = 28$.

163. 4 aunes $\frac{3}{4} \times 15$ fr. $= \frac{19 \times 15}{4} = \frac{285}{4}$ $= 71$ fr. $\frac{1}{4}$

164. 10 liv. $\frac{1}{2}$ ou $\frac{21}{2} \times 22 = \frac{462}{2} = 231$ sous, ou 11 liv. et 11 sous.

165. Les $\frac{4}{7}$ de 28 fr. sont $\frac{28 \times 4}{7} = 16$ fr.

166. Les $\frac{3}{17}$ de 148 sont $\frac{148 \times 3}{17}$ ou $\frac{444}{17}$. Si de 148 ou $\frac{2516}{17}$ on retranche en $\frac{444}{17}$, il restera $\frac{2072}{17}$, ou 121 livres et $\frac{15}{17}$ à payer.

167. Les $\frac{2}{100}$ de 548 sont $\frac{548 \times 2}{100}$, ou $\frac{1096}{100}$ $=$ 10 fr. $\frac{96}{100}$ de rabais.

168. Les $\frac{2}{5}$ de 48 sont $\frac{48 \times 2}{5}$, ou $\frac{96}{5}$, ou enfin 19 lieues $\frac{1}{5}$; le tiers de 48 est $\frac{48}{3}$ ou 16. Si de 48 on retranche 16 et 19 $\frac{1}{5}$, il restera 12 lieues $\frac{4}{5}$ pour le chemin parcouru le troisième jour.

169. Le poids total étant $3 + 2$, ou 5 livres, le poids de l'argent est les $\frac{3}{5}$ du poids total, et le poids du cuivre les $\frac{2}{5}$: il faut donc prendre les $\frac{3}{5}$ de $\frac{3}{4}$, ou $\frac{3 \times 3}{5 \times 4}$, ou $\frac{9}{20}$, pour le poids de l'argent ; et les $\frac{2}{5}$ de $\frac{3}{4}$, ou $\frac{2 \times 3}{5 \times 4}$, ou $\frac{6}{20}$, ou $\frac{3}{10}$, pour le poids du cuivre.

DIVISION DES FRACTIONS ORDINAIRES.

170. Le quotient aura pour numérateur celui de la fraction, et pour dénominateur le produit du dénominateur de la fraction par le diviseur proposé. On trouve :

1re colonne.	$\frac{2}{15}$	$\frac{3}{28}$	$\frac{6}{55}$
2e colonne.	$\frac{43}{2040}$	$\frac{19}{1440}$	$\frac{17}{3700}$
3e colonne.	$\frac{3}{1480}$	$\frac{1}{7200}$	$\frac{1}{109000}$

171. Le quotient aura pour dénominateur le numérateur de la fraction diviseur, et pour numérateur le produit du dividende par le dénominateur de la fraction diviseur. On trouve :

1re colonne.	14	12
2e colonne.	30	230
3e colonne.	61 et $\frac{5}{7}$	140 et $\frac{5}{11}$

172. Multipliez la fraction dividende par la fraction diviseur renversée. On trouve :

1re colonne.	$\frac{3}{4}$	1 et $\frac{7}{8}$
2e colonne.	1 et $\frac{31}{35}$	2 et $\frac{3}{92}$
3e colonne.	$\frac{322}{777}$	$\frac{1}{100}$

173. Divisez le numérateur de la fraction dividende par le diviseur entier proposé. On trouve :

1re colonne.	$\frac{1}{3}$	$\frac{2}{7}$
2e colonne.	30	45
3e colonne.	$\frac{2}{3}$	$\frac{1}{3}$

174. Réduisez les entiers en fractions, et opérez comme pour des fractions. On trouve :

1re colonne.	1 et $\frac{1}{4}$	$\frac{14}{15}$
2e colonne.	2 et $\frac{5}{8}$	4 et $\frac{2}{193}$
3e colonne.	$\frac{231}{312}$	5 et $\frac{123}{217}$

175. Les $\frac{2}{3}$ du nombre cherché doivent faire 15 fr. ; autrement dit, le nombre cherché, multiplié par $\frac{2}{3}$, doit donner pour produit 15. Si donc on divise 15 par $\frac{2}{3}$, on aura le nombre cherché :

$$15 : \frac{2}{3} = 15 \times \frac{3}{2} = \frac{45}{2} = 22 \text{ fr. } \frac{1}{2}$$

176. Même solution :

$$48 : 4\frac{3}{4}, \text{ ou } 48 : \frac{19}{4} = 48 \times \frac{4}{19} = 10 \text{ fr. } \frac{2}{19}$$

177. $24 : \frac{3}{4} = 24 \times \frac{4}{3} = 32$ morceaux.

178. Il fait $\frac{4}{5}$ de lieue par heure; $10 : \frac{4}{5} = \frac{50}{4}$ $= 12$ heures $\frac{1}{2}$

179. Le premier fait $\frac{4}{3}$ de lieue par heure, le second $\frac{5}{4}$; le rapport de leurs vitesses est le quotient de l'une par l'autre, ou de $\frac{4}{3} : \frac{5}{4} = \frac{16}{15} = 1\frac{1}{15}$. La vitesse du second étant prise pour 1, celle du premier est de $\frac{1}{15}$ plus grande.

180. Le premier, faisant $\frac{4}{3}$ de lieue par heure;

fera les 48 lieues dans un temps marqué par $48 : \frac{4}{3}$ ou 36 heures ; le second, faisant $\frac{5}{4}$ de lieue par heure, fera les 48 lieues dans un temps marqué par $48 : \frac{5}{4}$ ou 38 heures $\frac{2}{5}$; la différence de ces deux nombres d'heure est 2 heures $\frac{2}{5}$

181. $3\frac{1}{4} : \frac{3}{5} = \frac{13}{4} \times \frac{5}{3} = \frac{65}{12} = 5$ tours et $\frac{5}{12}$

182. Le premier marchand a gagné 115 f. — 100 f., ou 15 f. ; le second a gagné 103 f. — 90 f., ou 13 f. Or, le profit de chacun est le rapport de ce gain au capital qui l'a procuré : pour le premier le profit est donc $\frac{15}{100}$, et pour le second $\frac{13}{90}$; le rapport de ces profits est le quotient de l'un par l'autre, ou $\frac{15 \times 90}{13 \times 100} = \frac{135}{130} = \frac{27}{26} = 1\frac{1}{26}$. Le profit du premier marchand est donc de $\frac{1}{26}$ plus grand que celui du second.

183. Elle donne par minute $\frac{5}{2}$ litres.

35 litres $\frac{3}{4} : \frac{5}{2}$, ou $\frac{143}{4} \times \frac{2}{5} = 14$ minutes $\frac{3}{10}$

184. 3 jours : $\frac{2}{7} = 3 \times \frac{7}{2} = 10$ jours $\frac{1}{2}$

185. De même,

$$\frac{2}{3} : \frac{3}{11} = \frac{2}{3} \times \frac{11}{3} = \frac{22}{9} = 2 \text{ jours } \frac{4}{9}$$

FRACTIONS DÉCIMALES.

186. Énoncez le nombre abstraction faite de la virgule, et ajoutez-y le nom des unités du dernier chiffre à droite.

187. Écrivez le nombre comme s'il s'agissait d'unités simples, et placez la virgule à un rang assez éloigné vers la gauche pour que le dernier chiffre exprime des unités de l'ordre énoncé.

188. Lisez et écrivez d'abord le nombre entier qui précède la virgule, en le faisant suivre du mot *unités;* énoncez ensuite la partie décimale comme il a été dit ci-dessus.

189. Écrivez d'abord les unités, que vous ferez suivre d'une virgule ; écrivez ensuite la partie décimale comme il a été dit au n° 187.

ADDITION DES NOMBRES DÉCIMAUX.

190. Placez les nombres les uns sous les autres, de manière à ce que les unités de même rang se correspondent ; additionnez abstraction faite de la virgule, et placez ensuite une virgule à la droite des unités de la somme. On trouve :

1,22 0,710 11,443 8,685 5,828

191. 192. Idem. On trouve :

6,28	231,409	11,295	853	78,33
15,64	301,0051	17,349	0,01152	65,161

193. A la première hauteur $1^{m},346$
ajoutez $0\ ,115$

La somme est la taille cherchée $1^{m},461$

194. Additionnez les nombres

$3^{kil},24$
$5\ ,275$
$10\ ,08$
$0\ ,865$
$1\ ,019$

La somme est le nombre cherché $20^{kil},479$

195. Additionnez $1^{m},456$
et $0\ ,949$

La somme $2^{m},405$ est le nombre cherché.

196. Additionnez les nombres
$0^{m},25$
$3\ ,5$
$2\ ,5$
$3\ ,5$
3
$2\ ,6$
$1\ ,7$

La somme est la hauteur cherchée $17^{m},05$

197. 198. Faites les additions indiquées.
On trouve 1746,832 grammes.

Premier compte	$346^{fr},84$
Second	$391\ ,49$

199. La pièce de 5 fr. pèsera 5 fois 5, ou 25^{gr}
de 2 fr. 2 fois 5, ou 10
de 1 fr. 1 fois 5, ou 5
de 10 sous $\frac{5}{2}$ gr., ou 2 ,5
de 5 sous $\frac{5}{4}$ gr., ou 1 ,25

Le total demandé sera donc $43^{gr},75$

200. Du poids primitif $45^{gr},671$
retranchez le second $43\ ,456$

La différence $2^{gr},215$ est le poids de la limaille.

201. A la somme des poids des planètes nommées ajoutez 1, le résultat sera le poids cherché, 455,6221

202. Ce qu'elle a payé,	456fr,45
augmenté de ce qu'elle doit encore,	286 ,15
forme la dette totale	742fr,60

203. Au poids net	45kil,56
ajoutez le poids de l'emballage	7,45
La somme sera le poids brut	53kil,01

204. Additionnez les diverses quantités successivement ôtées, ajoutez-y la quantité restante, la somme sera la quantité totale, 5kil,138.

205. La somme des prix des trois achats est la dépense totale, 64fr,30.

206. A la partie enfoncée	0m,456
ajoutez la partie extérieure	1 ,115
La somme est la longueur cherchée	1m,571

207. La somme des 6 collectes est le montant de la quête, c'est-à-dire 61fr,85.

SOUSTRACTION DES NOMBRES DÉCIMAUX.

208. 209. 210. 211. 212. Placez le plus petit nombre sous le plus grand, de manière que les unités de même rang soient dans la même colonne ; ajoutez, sur la droite du nombre qui a le moins de décimales, assez de zéros pour qu'il y ait autant de chiffres décimaux dans l'un que dans l'autre ; faites la soustraction abstraction faite de la virgule, et placez une virgule à la droite des unités du reste. On trouvera :

21,24	4,005	0,0231
4,209	31,58	0,09
0,938	0,113	8,078
0,11089	2,27949	0,01799
0,03209715	0,09222577	

213. De la taille de l'homme $1^{m},763$
retranchez $0\ ,139$
Le reste sera la taille de la femme $1^{m},624$

214. De la longueur totale $1^{m},067$
on retranche $0\ ,562$
Il reste donc $0^{m},505$

215. De 1 kilogramme ou 1000gr
retranchez 46 ,548

Le reste est le poids cherché 953gr,452

216. Du prix de la vente 45fr,50
retranchez le prix de l'achat 37 ,75

Le reste est le gain cherché 7fr,75

217. 4fr,15 — 3fr,85 = 0fr,30.

218. Poids du corps mou 4gr,56
Poids du corps desséché 3 ,97

La différence est le poids de l'eau évaporée 0gr,59

219. Poids dans l'air 1kil,459
Poids dans l'eau 0 ,844

La différence est le poids de l'eau déplacée 0kil,615

220. 2gr — 0gr,35 = 1gr,65, poids cherché.

221. 1m,0000 — 0m,9956 = 0m,0044, ou 4millim,4

222. Longueur de la toise de France 1m,949037
de la toise anglaise 1 ,828767

Différence 0m,12027

223. 3,86 — 2,17 = 1,69 tours.

224. Longueur à la température de l'eau

bouillante	1m,4585
à la température de la glace fondante	1 ,4567
La différence est la dilatation cherchée	0m,0018
ou	1millim,8

225.

Poids du litre à zéro	13kil,598
Poids à l'eau bouillante	13 ,353
La différence est la dilatation	0kil,245

MULTIPLICATION DES NOMBRES DÉCIMAUX.

—

226. 227. 228. Multipliez abstraction faite de la virgule, et séparez sur la droite du produit autant de chiffres décimaux qu'il y en avait dans le multiplicande et le multiplicateur réunis (en ajoutant, s'il est nécessaire, un certain nombre de zéros sur la gauche du produit). On trouvera :

1re colonne. 16,48 37,689 21,329 3,126
0,6318 80,64 1858,56 3258,92 18,12
63,217

2e colonne. 494,4 352,35 752,74 937,86
428,69 43810,58 23213 308106,945
2090,7754 9266,88

1re colonne. 8,4 9,0785 1,10656 20,7581
0,061466 0,0000500526

2e colonne. 0,9646 0,035145 0,00035343
0,0000057408 0,000000002 0,000000001

962 0,020664 11,13372 6,673408 1,67286
0,004347 0,0000112 0,0075144 0,0650064
2,2113

229. $3^{fr},75 \times 24 = 90^{fr},00$

230. $36^{m},25 \times 18^{fr} = 652^{fr},50$

231. $148^{m},355 \times 15^{fr},80 = 2344^{fr}$ (On néglige 9 millièmes de franc.)

232. $12^{m},15 \times 5^{fr},30 = 64^{fr},39\frac{1}{2}$

$12,3 \times 7 = 86,10$

$9 \times 3,15 = 28,35$

La somme est donc $178^{fr},84\frac{1}{2}$ ou 85 cent.

233. $3^{millim},258 \times 8$ tours $= 26^{millim},064$

234. Le mercure pèse 13,598 fois le poids de l'eau, l'eau pèse 770 fois le poids de l'air : le mercure pèse donc $13,598 \times 770$ fois, ou 10470 fois (en négligeant les décimales) le poids de l'air.

235. Le litre d'eau pèse 1 kilogramme, le mercure

pèse 13,598 fois le poids de l'eau : un litre de mercure pèsera donc 13kil,595.

236. Le litre d'eau pesant 1 kilogramme, le litre d'eau de mer pèsera 1kil,026 : ainsi donc 5 litres d'eau de mer pèseront 1kil,026 $\times$ 5 ou 5kil,13.

237. Même solution. On trouvera :

0kil,915 $\times$ 5 = 4kil,575

238. Un degré Réaumur valant 1,25 degré centigrade, 17 degrés Réaumur vaudront 1,25 $\times$ 17, ou 21,25 degrés centigrades.

239. Puisque 1 degré centigrade vaut 0,8 degré Réaumur, 25 degrés centigrades vaudront 0,8 $\times$ 25, ou 20 degrés Réaumur.

DIVISION DES NOMBRES DÉCIMAUX.

240. Faites la division abstraction faite de la virgule, et séparez sur la droite du quotient autant de chiffres décimaux qu'il y en avait dans le dividende. On trouve :

1re colonne. 0,23 0,0675 1,18 6,74 17,82 7,58025 31,25 11,152 15,2314

2e colonne. 0,048 0,2831... 0,5853... 0,102... 0,0155... 3,659... 0,00501... 0,00378... 0,000156

241. Ajoutez à la droite du dividende autant de zéros qu'il y a de chiffres décimaux au diviseur, et faites la division abstraction faite de la virgule.

S'il y a un reste, convertissez-le en dixièmes, etc. (N° 115.) On trouve :

1re colonne.	230	65	962,16...	124,9...
2e colonne.	100	60	78,688...	0,4197...

242. Ajoutez sur la droite de celui des deux nombres qui a le moins de décimales un nombre de zéros suffisant pour qu'ils aient tous deux autant de chiffres décimaux, et faites la division abstraction faite de la virgule. On trouve :

1re colonne. 1,5 3,066... 0,1279... 3,5377... 0,18598... 5494,03

2e colonne. 52,571... 21,737... 305,55... 0,01708... 8500 50

243. 46fr,70 : 2 = 23fr,35

244. 3kil,578 : 3 = 1kil,1926 ou 1kil,193

(Quand on néglige un ordre décimal dont le chiffre surpasse 5, on augmente d'une unité le chiffre de l'ordre supérieur, afin de rendre l'erreur moindre.)

245. 36lit,45 : 7 = 5lit,207

en négligeant les chiffres décimaux suivants.

246. 45ar,5 : 10 = 4ar,55

en avançant simplement la virgule d'un rang vers la gauche.

247. $43^{m},569 : 3 = 14^{m},523$

248. $46^{fr},20 : 12^{kil} = 3^{fr},85$

249. $350^{fr},50 : 15^{fr} = 23^{m},366$

250.
$10000000^{m} : 90 = 111111^{m},111$... par degré.

251.
$111111^{m},111 : 60 = 1851^{m},851$... par minute.

252.
$1851^{m},851 : 60 = 30^{m},868$... par seconde.

253. Un deg. terrestre contenant $111111^{m},111$..., la lieue de 25 au deg. en contiendra $111111^{m},111 : 25$, ou bien $4444^{m},444$.

254. $300^{fr} : 13^{fr},75 = 30000 : 1375 = 21^{m},818$

255. $282^{fr},60 : 23^{fr},55 = 28260 : 2355 = 12$

256. $40^{fr},20 : 32^{kil},56 = 1^{fr},23$

257. Il faut prendre le 10e de $36^{gr},45$ ou $3^{gr},645$ et le retrancher de ce nombre $3,645$

La différence $32^{gr},805$ est le poids cherché.

258. Cet alliage étant formé de $22 + 5$ ou 27 grammes, le cuivre y entre pour les $\frac{5}{27}$; pour avoir les $\frac{5}{27}$

de 1 gramme, réduisez cette fraction en décimales. On trouve ainsi : 0gr,185

259. Le poids total de l'alliage étant 7 + 8 + 3, ou 18 grammes, chaque métal respectif y entre pour $\frac{7}{18}$, $\frac{8}{18}$, $\frac{3}{18}$. Ces fractions donnent en décimales 0gr,388, 0gr,444, 0gr,166, pour la quantité de chaque métal respectif contenu dans un gramme.

On peut vérifier ces résultats en faisant la somme de ces trois quantités, en ayant soin toutefois d'augmenter d'une unité le dernier chiffre de la première et de la troisième, pour diminuer l'erreur causée par la suppression des décimales suivantes. On trouvera ainsi :

	0gr,389
	0 ,444
	0 ,167
dont la somme est	1gr,000

260. Le poids de l'alliage est 24256 grammes
plus 53040
ou 77296 grammes

On aura donc le poids respectif de chaque métal contenu dans 1 gramme en réduisant en décimales les fractions $\frac{24256}{77296}$ et $\frac{53040}{77296}$. Multipliant le résultat par 1000, en avançant la virgule de trois rangs vers la droite, on aura les poids contenus dans 1 kilogramme : on trouve ainsi 314 grammes d'étain et 686 grammes de cuivre. (Le chiffre 4 est trop fort, mais l'erreur serait plus grande en adoptant le chiffre 3.)

261.

Le prix du vin est 46^{lit},60 × 1^{fr},55 ou 72^{fr},23
le prix de l'eau-de-vie est 2 ,348 × 2 ,50 ou 5 ,87

Le prix total du mélange est donc 78^{fr},10

Or, ce mélange contient 46^{lit},60
plus 2 ,348

En tout 48^{lit},948

Si l'on divise 78^{fr},10 par ce nombre de litres, on aura le prix de 1 litre du mélange. On trouve ainsi :

1^{fr},59

262. 1^{fr}25 × 50^{lit} = 62^{fr},50, qui est aussi le prix du mélange; ce mélange est formé de 3 + 50 ou 53 litres : si donc on divise 62^{fr},60 par 53, le quotient 1^{fr},18 sera le prix de 1 litre de ce mélange.

263. Le prix de 100 litres de vin à 1^{fr},50 est 150 francs. Si l'on divise ce nombre par 1^{fr},25, le quotient 120 exprimera le nombre de litres que devra contenir ce mélange. De ce quotient si l'on retranche le nombre donné 100, le reste 20 sera le nombre de litres d'eau cherché.

264. 5 jours × 24 heures = 120 heures.
120 heures × 60 minutes = 7200 minutes.

Si l'on divise 144 millimètres par ce nombre, le quotient 0,02, c'est-à-dire $\frac{2}{100}$ ou $\frac{1}{50}$ de millimètre, sera la croissance pour 1 minute. Divisant ce nombre par 60 secondes, le quotient $\frac{1}{3000}$, ou le tiers d'un millième de millimètre, sera la croissance pour 1 seconde.

265. 4566 tours : 60 = 76,1 tours

266. 315^{fr} : 3^{fr},50 = 90 jours

267. Le poids de la terre est pris pour unité : la question se réduit à chercher combien de fois 354936 contient 455,62 ; autrement dit, à diviser le premier par le second. On trouve pour quotient 779, en négligeant les décimales.

QUOTIENTS ÉVALUÉS EN DÉCIMALES.

268. 269. Convertissez le dividende en dixièmes, etc. (N° 115.) On trouvera :

1re colonne. 0,5 1,5 0,25 0,75 1,25 0,2 0,875

2e colonne. 0,1 0,05 0,025 0,0125 0,01 0,005 0,001

3e colonne. 0,2 0,15 0,1 0,075 0,07 0,008 0,0045

1re colonne. 0,333... 0,1666... 0,142857... 0,111...

2e colonne. 0,1818 0,384615 0,2666... 0,318...

3e colonne. 0,8666 0,201612... 0,24165... 0,16316...

270. $4^{fr} : 5 = 40$ décimes : $5 = 8$ décimes ou $0^{fr},80$

271. Il faut diviser 2 millimètres par 360. On trouve pour quotient 0,00555... de millimètre.

272. $$\frac{1}{2} + \frac{1}{3} + \frac{1}{4} + \frac{1}{5}$$
$$= \frac{30}{60} + \frac{20}{60} + \frac{15}{60} + \frac{12}{60} = \frac{77}{60}$$

Les $\frac{77}{60}$ de 12^{fr} sont $\frac{77 \times 12^{fr}}{60}$, ou $\frac{924^{fr}}{60} = 15^{fr},40$

273. $1387^{fr} : 4 = 346^{fr},75$

274. La toise contient

$6 \times 12 \times 12$ lignes, ou 864 lignes

Le nombre proposé en contient :

1° pour 3 pieds	$3 \times 12 \times 12$ ou	432 lignes
2° pour 7 pouces	7×12 ou	84
3° pour 6 lignes		6
	En totalité	522 lignes

Le nombre proposé est donc les $\frac{522}{864}$ d'une toise.

Cette fraction, réduite à sa plus simple expression, donne $\frac{29}{48}$, et réduite en décimales devient 0,604 de toise.

275. Une livre contenant 16 onces, il reste à réduire en décimales la fraction $\frac{5}{16}$, ce qui donne

$0^{liv},3125$

NOMBRES COMPLEXES.

276. 1 pouce contenant 12 lignes, le nombre cherché sera 7×12 ou 84 lignes

277. 1 pied contenant 12 pouces, le nombre cherché sera 5×12 ou 60 pouces

278. 1 toise contenant 6 pieds, le nombre cherché sera 7×6 ou 42 pieds

279. Nous avons d'abord 10 lignes
plus 1 pouce, ou 12
plus 2 pieds, ou 24 pouces, ou 24×12,
c'est-à-dire 288

Total 310 lignes

280. On a :

1° 8 lignes
2° $4^p = 4 \times 12 =$ 48
3° $5^p = 5 \times 12^p = 5 \times 12 \times 12^l =$ 720
4° $24^T = 24 \times 6^p = 24 \times 6 \times 12^p$
$= 24 \times 6 \times 12 \times 12^l =$ 20736

Total 21512 lignes

281. On a :

1°	3 lignes
2° $10^p = 10 \times 12^l =$	120
3° $4^p = 4 \times 12 \times 12^l =$	576
Total	699 lignes

Or, la toise en contient 864 (N° 274.)

La fraction cherchée est donc $\frac{699}{864} = \frac{233}{288}$ de toise.

282. On a :

1°	15 lignes
2° $14^P = 14 \times 12 \times 12^l =$	2016
3° $36^T = 36 \times 6 \times 12 \times 12^l =$	31104
Total	33135 lignes

La toise en contenant 864, il reste à réduire en décimales la fraction $\frac{33135}{864}$, ce qui donne

$38^T,3506...$

283. Les $3^T = 3 \times 6^P$ ou 18^P $18^P + 4^P = 22^P$

$7^p = \frac{7}{12}$ de pied : le nombre cherché est donc $22^P \frac{7}{12}$

284. On a $9^l,6$

plus $2^p = 2 \times 12^l$	24
plus $4^P = 4 \times 12 \times 12^l$	576
plus $1^T = 1 \times 6 \times 12 \times 12^l$	864
Total	$1473^l,6$

285. 14 livres $= 14 \times 16$ onces $= 224$ onces.

286. 12 onces = 12×8 gros = 96 gros

287. 6 gros = 6×3 deniers = $6 \times 3 \times 24$ grains = 432 grains

288. On a 36 grains
plus 2 gros = 2×72 grains = 144
plus 6 onces = $6 \times 8 \times 72$ grains = 3456
plus 4 livres = $4 \times 16 \times 8 \times 72$ gr. = 36864

Total 40500 grains

289. On a 15 grains
plus 3 gros = 3×72 = 216
plus 12 onces = $12 \times 8 \times 72$ = 6912

Total 7143 grains

Or, la livre en contient $16 \times 8 \times 72$ ou 9216 : la fraction demandée est donc $\frac{7143}{9216} = \frac{2381}{3072}$

290. On a 2 grains
plus 6 gros = 6×72 grains = 432
plus 8 onces = $8 \times 8 \times 72$ = 4608

Total 5042 grains

La livre en contenant 9216 (n° 289), il reste à convertir en décimales la fraction $\frac{5042}{9216}$, ce qui donne 0,54709... de livre.

291. 4 sous = 4×12 deniers = 48 den.

292. 15 livres = 15×20 sous = 300 sous

293. On a 15 sous
plus 26 livres = 26 × 20 sous = 520
Total 535 sous

294. On a 3 den.
plus 10 sous = 10 × 12 deniers = 120
plus 6 livres = 6 × 20 × 12 deniers = 1440
Total 1563 den.

295. $226^{l} : 12 = 18^{p}\ 10^{l}$

296. $533^{p} : 12 = 44^{P}\ 5^{p}$

297. $310^{P} : 6 = 51^{T}\ 4^{P}$

298. Divisez ce nombre de lignes par 12, le reste donnera un nombre de lignes et le quotient un nombre de pouces; divisez ce premier quotient par 12, le reste donnera un nombre de pouces et le quotient un nombre de pieds; divisez ce second quotient par 6, le reste sera un nombre de pieds et le quotient un nombre de toises; réunissez ce nombre de toises aux nombres de pieds, pouces et lignes, exprimés par les différents restes de vos divisions, vous aurez l'expression demandée :

$14^{T}\ 2^{P}\ 6^{p}\ 8^{l}$

299. $415^{g} : 72 = 5^{G}\ 55^{g}$

300. $26^{G} : 8 = 3^{on}\ 2^{G}$

301. $59^{on} : 16 = 3^{liv}\ 11^{on}$

302. Même solution qu'au n° 298; les diviseurs successifs sont 72, 8, 16. On trouve ainsi :

3 iv, 15ou, 2G, 18g

303. 216d : 12 = 18s

304. 1156s : 20 = 57liv 16s

305. Même solution qu'au n° 298; les diviseurs successifs sont 12 et 20. On trouve ainsi :

15liv 4s 1d

306. Additionnez d'abord les lignes; divisez la somme par 12; écrivez le reste sous la colonne des lignes, et retenez le quotient pour le joindre à la colonne des pouces; divisez la somme des pouces par 12; écrivez le reste sous la colonne des pouces, et retenez le quotient pour le joindre à la colonne des pieds; divisez la somme des pieds par 6; écrivez le reste sous la colonne des pieds, et retenez le quotient pour le joindre à la colonne des toises; écrivez la somme des toises comme vous la trouvez. On trouvera :

214T 4P 7p 4l

307. Même procédé qu'au n° 306; les diviseurs successifs sont 72, 8 et 16. On trouvera :

149liv 10ou 3G 58g

308. Même procédé qu'au n° 306; les diviseurs successifs sont 12 et 20. On trouvera :

370liv 17s 5d

309. 310. 311. 312. Placez le plus petit nombre sous le plus grand, de manière que les unités de même espèce se correspondent; faites séparément la soustraction dans chaque colonne, en commençant par celle des plus petites unités; si la soustraction est possible, écrivez le reste sous la colonne qui l'a fourni; si le nombre inférieur d'une colonne est plus grand que le nombre supérieur, empruntez à la colonne suivante, à gauche, une unité que vous convertissez en unités de l'espèce dont vous vous occupez; opérez la soustraction dans cette colonne, et diminuez d'une unité le chiffre supérieur de la colonne suivante. On trouvera :

5^T 5^P 9^{po} 10^l

14^{on} 5^G 62^g

43^{liv} 17^s 9^d

10^{liv} 3^s 6^d

313. Les quatre côtés étant égaux, il s'agit de multiplier par 4 le nombre donné :

2^T 5^P 4^p

Multipliez les pouces par 4, le produit 16 divisé par 12 donne 4^p pour reste, et pour quotient 1^P, que vous retenez pour le joindre au produit des pieds. Multipliez les pieds par 4, le produit 20^P, augmenté de la retenue 1^P, donne 21^P, qui, divisés par 6, donnent pour reste 3^P et pour quotient 3^T, que vous retenez pour les joindre au produit des toises. Multipliez les toises par 4, et augmentez le produit 8^T de la retenue 3^T. Ce nombre de 11 toises et les restes successifs composent le produit cherché :

11^T 3^P 4^p

314. Les côtés parallèles étant égaux, au double de $6^{T}\ 3^{P}$ ajoutez le double de $1^{T}\ 4^{P}\ 9^{p}$; la somme sera le contour cherché :

$16^{T}\ 3^{P}\ 6^{p}$

315. Il faut multiplier par 10 le nombre $3^{liv}\ 5^{on}\ 4^{G}$; le produit est $33^{liv}\ 7^{on}$

316. 6 fois ($148^{liv}\ 15^{s}\ 6^{d}$) font $892^{liv}\ 13^{s}$

317. 7 fois ($23^{liv}\ 11^{s}$) font $164^{liv}\ 17^{s}$

318. 5 fois ($47^{liv}\ 4^{s}$) font 236^{liv}

319. 146 fois ($2^{liv}\ 15^{s}$) font $401^{liv}\ 10^{s}$

320. 45 fois ($5^{liv}\ 16^{s}$) valent 261^{liv}

321.

3 louis doubles	= (47^{liv} 4^{s})	× 3 =	141^{liv}	12^{s}
7 louis simples	= (23 11)	× 7 =	164	17
80 gros écus	= (5 16)	× 80 =	464	»
90 petits écus	= (2 15)	× 90 =	247	10
		Total	1017^{liv}	19^{s}

322. $3^{T}\ 5^{P}\ 3^{p}$, réduits en décimales du pied (nº 282), donnent $23^{P},25$; ce nombre multiplié par 2 fr. donne $46^{fr},50$ pour le prix cherché.

323. $3^{P}\ 7^{p}\ 10^{l}$, réduits en décimales du pouce, donnent 43,833 ; ce nombre, multiplié par 3 fr., donne $131^{fr},499...$, ou $131^{fr},50$

324. $6^{liv}\,5^{on}$, réduites en décimales de la livre, donnent $6^{liv},3125$; ce nombre, multiplié par 12 fr., donne $75^{fr},75$

325. $5^{liv}\,4^{on}\,6^{G}$, réduits en décimales de l'once, donnent $84^{on},75$; ce nombre, multiplié par $0^{fr},75$, donne $63^{fr},56$

326. 25 fois $(15^{liv}\,10^{s}\,9^{d}) = 388^{liv}\,8^{s}\,9^{d}$

327.

Multipliez le prix d'une toise	15^{l}	4^{s}	6^{d}	
1° Par 9 toises, le produit sera	135^{liv}	36^{s}	54^{d}	
2° Par 3 pieds ou $\frac{1}{2}$ toise, cela revient à prendre la moitié du prix de 1 toise	7	12	3	
3° Par 1 pied, c'est prendre le tiers du produit précédent	2	10	9	
4° Par 4 pouces, c'est prendre le tiers du produit précédent	»	16	11	
5° Par 1 pouce, c'est prendre le quart du produit précédent	»	4	2	$\frac{3}{4}$
6° Par 6 lignes, c'est prendre la moitié du produit précédent	»	2	1	$\frac{3}{8}$
La somme est le produit cherché	148^{liv}	6^{s}	8^{d}	$\frac{7}{8}$

328. En opérant d'une manière analogue on trouvera (le prix de 1 livre étant 3^liv^ 4^s^ 6^d^)

pour 3 livres	9^liv^	12^s^	18^d^	
pour 4 onces	»	16	1	$\frac{1}{2}$
pour 2 onces	»	8	»	$\frac{3}{4}$
pour 4 gros	»	2	»	$\frac{3}{16}$
Total	10^liv^	19^s^	8^d^	$\frac{7}{16}$

329.

Le prix de 1 once étant	2^liv^	15^s^	9^d^	
le prix de 16 onces ou 1 livre sera	32	240	144	
On aura donc pour 5 livres	160^liv^	1200^s^	720^d^	
pour 7 onces	14	105	63	
pour 4 gros	1	7	10	$\frac{1}{2}$
pour 1 gros	»	6	11	$\frac{5}{8}$
Total	244^liv^	5^s^	1^d^	$\frac{1}{8}$

330.

		liv	s	d
Le prix de 1 gros étant		»	18	»
le prix de 1 once sera		7	4	»
Le prix de 1 livre sera donc		115	4	»
On aura pour	3 onces	21	12	»
pour	4 gros	3	12	»
pour	2	1	16	»
pour	1	»	18	»
pour	24 grains	»	6	»
pour	8	»	2	»
pour	2	»	»	6
pour	1	»	»	3
	Total	143	10	9

331. Opérez la division sur chaque espèce d'unité successivement, en commençant par les plus hautes; convertissez le reste de chaque division en unités de l'espèce immédiatement inférieure, pour le joindre aux unités de cette espèce avant d'en opérer la division. On trouve ainsi que :

$$(10^T\,4^P\,6^p\,2^l) : 2 = 5^T\,2^P\,3^p\,1^l$$

332. $(4^T\,5^P\,7^p\,6^l) : 3 = 1^T\,3^P\,10^p\,6^l$

333. $(3^T\,5^P\,4^p\,10^l) : 4 = 5^P\,10^p\,2^l\,\frac{1}{2}$

334.
$(112^{liv}\,7^{on}\,4^G\,16^g) : 20 = 5^{liv}\,9^{on}\,7^G\,58^g\,\frac{2}{5}$

335. $(19^{liv}\,4^s) : 8 = 2^{liv}\,8^s$

336. $4^T\,4^P\,5^p$, réduits en décimales de la toise, donnent $4^T,736$. Si l'on divise $26^{fr},05$ par ce nombre de toises, le quotient $5^{fr},50$ sera le prix cherché.

337. $3^{liv}\,14^{on}\,4^G$, réduits en décimales de la livre, donnent $3^{liv},90625$. En divisant 110 par ce nombre, on trouve pour quotient $28^{fr},16$, qui est le prix cherché.

338. Réduisez $36^{liv}\,5^s$ en sous, on trouve 725^s; réduisez $2^{liv}\,4^{on}\,2^G$ en décimales de l'once, on trouve $36^{on},25$; divisez le premier nombre par le second, on trouve pour quotient 20 sous ou 1 livre.

339. Réduisez les deux nombres en lignes, on trouve pour le premier 2669 lignes, et pour le second 37366 lignes; le quotient du second nombre par le premier est 14.

340. Réduisez les deux nombres en grains, ils deviennent respectivement 22032 grains et 158712 grains; le quotient du second par le premier est 7 et une fraction $\frac{4488}{22032}$, qui se réduit à $\frac{11}{54}$, en divisant ses deux termes par 408.

341. Réduisez les deux nombres en sous, ils deviennent respectivement 75 sous et 2917 sous; opérez la division du second par le premier, le quotient sera $38\,\frac{67}{75}$

COMPARAISON DES MESURES DE LONGUEUR ANCIENNES ET NOUVELLES.

—

342. Pour diviser le nombre donné par 10000000, séparez sur la droite de ce nombre 7 chiffres décimaux : il vient $0^{r},513074$.

343. La toise contenant 864 lignes (n° 274), multipliez la valeur $0^{r},513074$ du mètre par ce nombre 864, le produit $443^{l},295936$, ou simplement $443^{l},3$, est l'expression du mètre en décimales de ligne.

344. Divisez le nombre 864 de lignes contenues dans la toise par le nombre 443,3 de lignes contenues dans le mètre : le quotient $1^{m},949$ est l'expression de la toise en mètres et millimètres.

345. Le pied étant le 6ᵉ de la toise, divisez $1^{m},949$ par 6, le quotient arrêté à la 4ᵉ décimale $0^{m},3248$ est l'expression du pied en décimales du mètre.

346. Les divisions des nᵒˢ 344 et 345, poussées jusqu'à la 5ᵉ décimale, donneraient pour l'expression du pied $0^{m},32483$; divisez ce nombre par 12, le quotient arrêté à la 5ᵉ décimale $0^{m},02707$ est l'expression du pouce.

347. En calculant une décimale de plus aux expressions précédentes, on trouverait pour celle du pouce 0^{m},027079 ; divisez ce nombre par 12, le quotient 0^{m},002256 est l'expression de la ligne en décimales du mètre.

348. La ligne valant 0^{m},002256, multipliez cette expression par 8, le produit 0^{m},018048 sera le nombre cherché.

349. Le pouce valant 0^{m},02707, multipliez cette expression par 7, le produit 0^{m},18949 sera le nombre cherché.

350. Le pied valant 0^{m},3248, en multipliant ce nombre par 4 on aura 1^{m},2992 pour le nombre cherché.

351. La toise valant 1^{m},949, en multipliant ce nombre par 15, on aura 29^{m},235 pour le nombre cherché.

352.				
10^{T}	= 1^{m},949	× 10 =	19^{m},49
5^{P}	= 0 ,3248	× 5 =	1 ,624
4^{P}	= 0 ,02707	× 4 =	0 ,10828
6^{l}	= 0 ,002256	× 6 =	0 ,013536
		Total	21^{m},235816
	ou simplement 21^{m},2358		

353.				
4^{T}	= 1^{m},949	× 4 =	7^{m},796
1^{P}	=		0 ,3248
7^{l}	= 0 ,002256	× 7 =	0 ,015792
$\frac{86}{100}$ de ligne	= 0 ,000022	× 86 =	0 ,001892
		Total	8^{m},138484
	ou simplement 8^{m},1385		

354. $\frac{3}{5} = \frac{6}{10}$. L'expression du pied étant $0^m,3248$, son dizième sera $0^m,03248$; multipliant ce nombre par 6, le produit $0^m,19488$ est le nombre cherché. Si l'on ne veut que 4 décimales, on écrira 0,1949.

355.

$36^l = 0^m,002256 \times 36 = 0^m,081216$

$\frac{26}{100}$ de ligne $= 0\ ,000022 \times 26 = 0\ ,000572$

Total $0^m,081788$

ou $81^{millim},788$ ou plus simplement $81^{millim},8$

356. Divisez 440,5593 lignes par 443,3, le quotient, en s'arrêtant à la 4e décimale, est $0^m,9938$.

357. Pour prendre les $\frac{5}{6}$ d'une ligne observez que cette fraction équivaut à $\frac{10}{12}$; l'expression de la ligne, multipliée par 10, devient $0^m,02256$; en la divisant par 12, on trouve $\frac{5}{6}$ ou $\frac{10}{12}$ de ligne $= 0^m,00188$

de plus $10^l = 0\ ,02256$

$7^p = 0^m,02707 \times 7 = 0\ ,18949$

$3^p = 0\ ,3248 \times 3 = 0\ ,9744$

Total $1^m,18833$

358. Puisque 1 aune vaut $1^m,18833$, 1 tiers d'aune vaudra $1^m,18833 : 3$ ou $0^m,39611$; les 2 tiers vau-

dront donc $0^m,39611 \times 2$ ou $0^m,79222$
de plus 3 aunes $= 1\ ,18833 \times 3 = 3\ ,56499$

Le total est donc $4^m,35721$

359. Puisque 1 mètre vaut 443,3 lignes, en opérant comme il est dit au n° 298 on trouvera que 1 mètre vaut $3^p \text{»}^p 11^l \frac{3}{10}$

360. Puisque 1 mètre vaut $3^p 11^l,3$, le décimètre en vaudra la 10e partie, ou $3^p 8^l,33$

361. On pourrait déduire l'expression cherchée de la précédente; mais, puisqu'un mètre vaut $443^l,3$, il est plus simple d'en prendre le 100e, qui est $4,433^l$.

362. Le mètre valant $443^l,3$, 1 millimètre en vaut la 1000e partie ou $0^l,4433$

363. Un mètre valant $443^l,3$, on aura $36^m,454 = 36,454 \times 443^l,3 = 16160^l,05$, qui donnent $18^T\ 4^P\ 2^p\ 8^l$.

FORMATION DES CARRÉS.

364. Multipliez chaque nombre par lui-même. On trouve :

1 4 9 16 25 36 49 64 81

365. Le *carré* est l'unité suivie d'un nombre de zéros double de celui du nombre donné. On trouve :

100 10000 1000000 100000000 10000000000 1000000000000

366. (Voir 364.) On trouve :

144 625 3136 7921 15376 46225 23970816 4243600 64000000 67600000000 250600360000 62267881000000

367. Multipliez le nombre par lui-même, abstraction faite de la virgule, et séparez sur la droite du produit deux fois autant de décimales qu'il y en a dans le nombre donné. On trouve :

0,01 0,0001 0,000001 0,00000001 0,0000000001 0,09 0,6724 0,321489 0,003844 0,25674489 0,0000010201

368. Même procédé qu'au n° 367. On trouve :

12,96 16,5649 3180,96 226,8036 3989,1856

369. Le carré cherché a pour numérateur le carré du numérateur de la fraction, et pour dénominateur le carré de son dénominateur. On trouve :

$$\frac{1}{4} \quad \frac{1}{9} \quad \frac{1}{16} \quad \frac{1}{25} \quad \frac{4}{9} \quad \frac{1}{100} \quad \frac{1}{10000} \quad \frac{9}{1000000}$$

370. Réduisez les entiers en fractions, et opérez comme au n° 369. On trouve :

$$12 \text{ et } \frac{1}{4} \quad 32 \text{ et } \frac{1}{9} \quad 55 \text{ et } \frac{9}{49} \quad 134 \text{ et } \frac{14}{25}$$

371. 1 centimètre contenant 10 millimètres, 1 centimètre carré contient 10 fois 10 ou 100 millimètres carrés.

De même 1 décimètre carré contient 100 centimètres carrés, et 1 mètre carré contient 100 décimètres carrés.

372. 1 pouce contenant 12 lignes, 1 pouce carré contient 12 fois 12 ou 144 lignes carrées.

De même 1 pied carré contient 144 pouces carrés; 1 toise contenant 6 pieds, 1 toise carrée contiendra 6 fois 6 ou 36 pieds carrés.

373. 1 mètre contenant 100 centimètres, 1 mètre carré contient 100 fois 100 ou 10000 centimètres carrés.

1 mètre contenant 1000 millimètres, 1 mètre carré contiendra 1000 fois 1000 ou 1000000 de millimètres carrés.

374. La toise contenant 72 pouces, la toise carrée contient 72 fois 72 ou 5184 pouces carrés.

La toise contenant 864 lignes, la toise carrée contient 864 fois 864 ou 746496 lignes carrées.

375. Le mètre valant 1 million de millimètres carrés, le nombre donné vaut $36^{m\ c},783678 \times 1000000^{mil\ c}$ ou 36783678 millimètres carrés. 1 centimètre carré valant 100 millimètres carrés, en divisant le nombre ci-dessus par 100 on aura pour reste 78 millimètres carrés, et pour quotient 367836 centimètres carrés; en divisant de même ce quotient par 100, on aura pour reste 36 centimètres carrés, et pour quotient 3678 décimètres carrés; divisant ce dernier quotient par 100 on aura pour reste 78 décimètres carrés, et pour quotient 36 mètres carrés : réunissant ce dernier quotient aux divers restes successifs, on aura donc pour résultat 36 mètres carrés 78 décimètres carrés 36 centimètres carrés 78 millimètres carrés. On voit que cela revient à partager la partie décimale en tranches de 2 chiffres, à partir de la gauche.

376. 1 pouce carré contenant 144 lignes carrées (n° 372), divisez le nombre donné 2567^{l} par 144 : la division donne pour reste 119 lignes carrées, et pour quotient 17 pouces carrés.

1 pied carré contenant 144 pouces carrés, divisez le nombre donné 3561^{p} par 144 : la division donne pour reste 105 pouces carrés, et pour quotient 24 pieds carrés.

1 toise carrée contenant 36 pieds carrés, divisez 760 par 36, il viendra pour reste 4 pieds carrés, et pour quotient 21 toises carrées.

377. Divisez successivement par 144, par 144 et par 36, le dernier quotient et les restes successifs formeront l'expression cherchée, 760^{Tc} 26^{Pc} 143^{pc} 95^{lc}

378. Multipliez ce nombre par lui-même; son carré est $11^{mc},909401$; en opérant comme au n° 375 on trouvera 11^{mc}, $90^{déc\,c}$ $94^{cent\,c}$ $1^{millim\,c}$.

379. 3^{T} 4^{P} 5^{p} 6^{l}, réduits en lignes, donnent 3234 lignes : le carré de ce nombre est donc 10458756 lignes carrées. Opérant comme au n° 377, on trouve 14^{Tc} » ^{Pc} 54^{pc} 36^{lc}

380. L'aune, valant $3^p\,7^p\,10^l\frac{5}{6}$, contient 526 lignes $\frac{5}{6}$; réduisant l'entier en fraction, il vient $\frac{3161}{6}$ de ligne. Le carré de cette fraction est $\frac{9991921}{36}$, ou, en extrayant les entiers, 277553 lignes carrées et $\frac{13}{36}$ de ligne carrée. Divisant successivement par 144, 144, on trouve :

$$13^{Pc}\;55^{pc}\;65^{lc}$$

381. 1 aune contenant $\frac{3161}{6}$ de ligne, 5 aunes $\frac{3}{4}$ ou $\frac{23}{4}$ d'aune en contiendront $\frac{3161\times 23}{6\times 4}$; élevez cette fraction au carré, extrayez les entiers, divisez ensuite par 144, 144, 36, successivement, vous trouverez pour l'expression cherchée :

$$12^{Tc}\;10^{Pc}\;78^{pc}\;64^{lc}\text{ et }\frac{1}{576}$$

dont les trois premiers termes répondent à la question.

382. Opérez comme au n° 306, en observant que la somme des lignes doit être divisée par 144, celle des pouces par 144, celle des pieds par 36, pour donner les diverses retenues. On trouve :

$$246^{Tc}\;30^{Pc}\;86^{pc}\;126^{lc}$$

383. Opérez comme au n° 309, en observant que l'emprunt de 1 pouce carré donne 144 lignes carrées,

l'emprunt de 1 pied carré 144 pouces carrés, et l'emprunt d'une toise carrée 36 pieds carrés. On trouve :

$$92^{T.c}\ 32^{P\,c}\ 27^{p\,c}\ 103^{l\,c}$$

384. Pour faire la multiplication du nombre donné par 4, opérez comme au n° 313, en observant que le produit des lignes doit être divisé par 144, celui des pouces par 144, celui des pieds par 36, pour donner les différentes retenues. On trouve :

$$70^{Tc}\ 6^{Pc}\ 115^{pc}\ 28^{lc}$$

385. Opérez comme au n° 332, en observant qu'un reste de toises carrées doit être multiplié par 36 pour fournir des pieds carrés, un reste de pieds carrés par 144 pour fournir des pouces carrés, et un reste de pouces carrés par 144 pour fournir des lignes carrées. On trouve :

$$12^{Pc}\ 142^{pc}\ 48^{lc}$$

386. 1 toise carrée contenant 36 pieds carrés, 14 pieds carrés sont les $\frac{14}{36}$ d'une toise carrée, ou les $\frac{7}{18}$; ou, en convertissant en décimales,

$$14^{Pc} = 0^{Tc},3888...$$

387. 1 pied carré contenant 144 pouces carrés, la fraction demandée est $\frac{117}{144}$ ou $\frac{13}{16}$ ou $0^{Pc},8125$.

388. Si l'on réduit $30^{Pc}\ 101^{pc}\ 16^{lc}$ en lignes carrées, on trouvera 636640 lignes carrées ; d'ailleurs 1 toise carrée en contient $36 \times 144 \times 144$ ou 746496.

La fraction $\frac{636640}{746496}$ réduite en décimales après réduction donne 0,8528377 : l'expression cherchée est donc 3 T.c,852838.

389. 132 P c 117 l c réduits en lignes carrées donnent 19125 l c; d'ailleurs un pied carré en contient 144 × 144 ou 20736; la fraction $\frac{19125}{20736}$, réduite en décimales, donne 0,922309 : l'expression cherchée est donc 2 P c,9223.

390. 3 P c 17 P c font 449 pouces carrés; 1 pouce carré contenant 144 lignes carrées, 97 lignes carrées sont les $\frac{97}{144}$ d'un pouce carré. Cette fraction, réduite en décimales, donne 0,6736111 : l'expression cherchée est donc 449 P c,67361.

COMPARAISON DES MESURES DE SURFACE ANCIENNES ET NOUVELLES.

391.
Faites le carré de 1 m,949; on trouve 3 m c,798601.

392. Divisez 3 m c,7986 par 36, et réduisez le quotient en décimètres carrés : on trouve ainsi pour quo-

tient 0,105519, qui, réduits en décimètres carrés, donnent 10^{dc},5519 ou 10^{dc},552.

393. Divisez 10^{dc},552 par 144, le quotient est 0^{dc},073284, qui, réduits en centimètres carrés, donnent 7^{cc},328.

394. Divisez 7^{cc},328 par 144, le quotient est 0^{cc},050888, qui, réduits en millimètres carrés, donnent 5$^{millim\,c}$,088.

395.

5^{Tc}	= 3^{mc},7986	× 5			
	= 18^{mc},9930			18^{mc}	,9930
17^{Pc}	= 10^{dc},552	× 17			
	= 179^{dc},384		ou	1	,79384
80^{pc}	= 7^{cc},328	× 80			
	= 586^{cc},240		ou	0	,058624
110^{lc}	= 5$^{millim\,c}$,088	× 110			
	= 559$^{millim\,c}$,088		ou	0	,000559
			Total	20^{mc}	,846023

ou 20^{mc},846024

396. Le carré de 443,3 lignes est 196514,89 lignes carrées; divisant successivement par 144, 144, on trouvera :

9^{Pc} 68^{pc} et 98^{lc} $\frac{89}{100}$ ou 99 lignes carrées.

397. Le mètre carré contenant 196514,89 lignes carrées, et la toise en contenant 746496 (n° 388), faites la division du premier nombre par le second : le quotient arrêté à la 5e décimale est $0^{Tc},26325$.

398. $0^{Tc},26325 \times 136 = 35^{Tc},802$

399. $0^{Tc},26325 \times 15,6785 = 4^{Tc},127365$

400. La perche carrée valait donc 3 fois 3 ou 9 toises carrées ; 100 perches carrées font donc 900 toises carrées.

401. $3^{mc},7986 \times 900 = 3418^{mc},74$. L'are valant 100 mètres carrés et le centiare 1 mètre carré, en divisant le produit ci-dessus par 100, le quotient sera le nombre d'ares et le reste le nombre de centiares : on trouvera ainsi 34 ares 19 centiares pour la valeur de l'arpent.

402. La perche carrée étant la 100e partie de l'arpent, si l'on divise $34^{ar},19$ par 100, on aura $0^{ar},3419$ ou $34^{cent},19$ pour la valeur de la perche carrée.

403.

62 arpents	$= 34^{ar},19$	$\times$ 62	=	$2119^{ar},78$
48 perches carrées	= 0 ,3419	$\times$ 48	=	16 ,41
		Total		$2136^{ar},19$

ou 21 hectares, 36 ares et 19 centiares
(puisque 1 hectare vaut 100 ares).

404. Le carré de 22 est 484 ; si l'on multiplie $0^{mc},10552$ par ce carré, on aura $51^{mc},07168$ pour la valeur de la perche carrée : multipliant par 100, on aura $5107^{mc},168$ pour la valeur de l'arpent. Cette

valeur, exprimée en ares et centiares, est donc 51 ares, 7 centiares, en négligeant les décimales.

405. La perche carrée vaut, d'après ce qui a été dit plus haut, 51 $^{m\ c}$,07; en multipliant ce nombre par 56, on aura pour produit 2859 $^{m\ c}$,92
De plus, la valeur de l'arpent étant 5107 $^{m\ c}$, en la multipliant par 48 on aura 245136 ,00

Total 247995 $^{m\ c}$,92

Ce nombre, exprimé en hectares et divisions d'hectare, est 24 hectares 79 ares 96 centiares.

406. Puisque l'arpent vaut 34 ares 19 centiares, ou 34^{ar},19, sa valeur en hectares sera 0^{h},3419 ou $\frac{3419}{10000}$ d'hectare. Pour avoir la valeur de l'hectare en arpents il suffit de renverser la fraction : on a donc $\frac{10000}{3419}$, qui, réduits en décimales, donne 2^{arp},9248.

407. Le nombre donné équivaut à 310381 centiares; l'arpent de Paris vaut d'ailleurs 3419 centiares. En divisant le premier nombre par le second on aura un quotient qui exprimera les arpents et un reste de centiares; la perche valant 34^{cent},19 (n° 402), en divisant le reste par ce nombre on aura le nombre des perches carrées.

On trouve ainsi 90 arpents 78 perches.

Autre solution. — La valeur de l'hectare ayant été trouvée de 2,9248 arpents, la valeur de 1 are sera de 0,029248 arpents : donc la valeur de 3103,81 ares sera le produit de 0,029248 arpents par 3103,81. On trouve ainsi 90,7802... arpents, ce qui donne encore 90 arpents et 78 perches carrées, puisque la perche carrée est le 100e de 1 arpent.

408. La valeur de l'arpent étant 5107 centiares ou $\frac{5107}{10000}$ d'hectare, pour avoir la valeur de l'hectare en arpents il suffit de renverser la fraction, et l'on trouve $\frac{10000}{5107}$, qui, réduits en décimales, donnent 1,95809 ou simplement 1arp,9581.

FORMATION DES CUBES.

409. Multipliez le nombre donné deux fois de suite par lui-même. On trouve :

1 8 27 64 125 216 343 512 729

410. Même solution. Si le nombre donné est l'unité suivie de zéros, le cube sera l'unité suivie de trois fois autant de zéros. On trouve :

1000 1000000 1000000000 8000 175616
56623104

411. Multipliez sans avoir égard à la virgule, et sur la droite du résultat séparez trois fois autant de décimales qu'il y en avait dans le nombre donné. On trouve :

0,001 0,015625 0,000001 0,000000001 97,336
658,503 130323,843

412. Le numérateur sera le cube du numérateur, et le dénominateur le cube du dénominateur. On trouve :

$\frac{1}{8}$ $\frac{8}{27}$ $\frac{1}{1000}$ $\frac{27}{125000}$ $\frac{4913}{12167}$ $\frac{1}{1000000000}$

413. Réduisez les entiers en fractions, et opérez comme au n° 412. On trouve :

42 et $\frac{7}{8}$ 181 et $\frac{26}{27}$ 1025 et $\frac{361}{1728}$ 1 et $\frac{1178}{2197}$

414. 1 mètre contenant 10 décimètres, 1 mètre cube contient 10 fois 10 fois 10 ou 1000 décimètres cubes ; par la même raison 1 décimètre cube contient 1000 centimètres cubes et 1 centimètre cube 1000 millimètres cubes.

415. 1 mètre cube vaut, d'après ce qui a été dit, 1000000000 millimètres cubes : le nombre proposé vaut donc

36781634578 $\times$ 1000000000
ou 36781634578 millimètres cubes.

Si l'on divise ce nombre 3 fois de suite par 1000, le dernier quotient et les restes successifs donnent pour l'expression demandée :

36 mètres cubes 781 décim. cubes 634 centim. cubes 578 millim. cubes.

On voit que cela revient à partager la partie décimale du nombre donné en tranches de 3 chiffres à partir de la gauche.

416. La toise valant 6 pieds, la toise cube vaut 6 fois 6 fois 6 ou 216 pieds carrés.

Le pied valant 12 pouces, le pied carré vaut 12 fois 12 fois 12 ou 1728 pouces carrés.

417. Si l'on divise successivement le nombre donné par 1728 et par 216, le dernier quotient et les restes successifs donneront pour l'expression demandée :

1012 T cubes 179 P cubes 1337 p cubes

418. Multipliez 1 T C par 216; au produit 216 P C ajoutez les 210 P C; multipliez la somme 426 P C par 1728; au produit 736128 P C ajoutez les 1500 P C : la somme 737628 P C sera le nombre cherché.

419. Multipliez 48 P C par 1728, et ajoutez les 1524 P C au produit : on trouve ainsi 84468 pouces cubes. Or, la toise cube en contient 216 fois 1728 ou 373248; la fraction $\frac{84468}{373248}$, réduite en décimales après réduction, donne 0 T C,2263 pour l'expression du nombre donné en décimales de la toise cube.

420. 5T 4P 3P réduits en pouces donnent 211 pouces, dont le cube est 3363931 pouces cubes. Si l'on divise successivement par 1728 et par 216, le dernier quotient et les restes successifs donneront pour l'expression cherchée :

186 T C 1 P C 675 P C

421. Additionnez comme au n° 306, en observant que la somme des lignes cubes, celle des pouces cubes, celle des pieds cubes, doivent être divisées respectivement par 1728, 1728 et 216, pour donner les retenues à joindre à la colonne suivante. On trouve :

30 TC 35 PC 857 PC 1181 LC

422. Opérez comme au n° 309, en observant que l'emprunt de 1 toise cube donne 216 pieds cubes, et l'emprunt de 1 pied cube 1728 pouces cubes. On trouve :

1 TC 181 PC 1657 PC

423. Opérez comme au n° 313, en observant que le produit des pouces cubes doit être divisé par 1728 pour donner une retenue de pieds cubes, et le produit des pieds cubes par 216 pour donner une retenue de toises cubes. On trouve :

71 TC 155 PC 1616 PC

424. Opérez comme au n° 332, en observant qu'un reste de toises cubes doit être multiplié par 216 pour être converti en pieds cubes, et un reste de pieds cubes par 1728 pour être converti en pouces cubes. On trouve :

2 TC 196 PC 349 PC 346 LC

425. Les deux nombres donnés réduits en pouces cubes donnent respectivement 1058758 PC et 7411306 PC ; le quotient du second par le premier est 7.

COMPARAISON DES MESURES DE VOLUME ANCIENNES ET NOUVELLES.

426. 1 toise cube vaut 216 × 1728 × 1728 lignes cubes ; le mètre cube vaut 443,3 × 443,3 × 443,3 lignes cubes : le quotient du premier nombre par le second sera la valeur cherchée. En effectuant le calcul on trouve :

7 m c,40368 ou simplement 7 m c,4037

427. Puisque 1 mètre cube contient 1000 décimètres cubes, 7 m c,4037 contiennent 7,4037 × 1000 ou 7403,7 décimètres cubes ; d'ailleurs 1 pied cube est contenu 216 fois dans 1 toise cube : si donc on divise les 7403,7 décimètres cubes contenus dans 1 toise cube par le nombre 216, le quotient 34,276 décimètres cubes sera la valeur cherchée.

428. 34,276 décimètres cubes valent 34,276 × 1000 ou 34276 centimètres cubes ; 1 pouce cube étant contenu 1728 fois dans 1 pied cube, si l'on divise les 34276 centimètres cubes contenus dans le pied cube par 1728, le quotient 19,8356 centimètres cubes ou simplement 19 c c,836 sera la valeur cherchée.

429. 19,836 centimètres cubes valent 19836 milli-

mètres cubes; si l'on divise ce nombre par 1728, le quotient 11,479 millimètres cubes sera la valeur de la ligne cube.

430. 17 ^{TC} = 7 ^{mC},4037 × 17 = 125 ^{mC},8629
140 ^{PC} = 34 ^{dC},276 × 140
= 4798 ^{dC},64 ou (n° 414) 4 ,7986
1200 ^{PC} = 19 ^{cC},836 × 1200
= 23813 ^{cC},2 ou 0 ,0238
Total 130 ^{mC},6853

431. Le cube de 443,3 lignes est 87115050 ^{lC},737; 1 pied cube en contient 2985984. Le quotient du premier nombre par le second sera l'expression du mètre cube en décimales du pied cube. On trouve pour ce quotient : 29,1746 ou 29 ^{PC},175

432. Le nombre donné équivaut à 3038126 centimètres cubes (n° 414). 1 pied cube contient 34,276 décimètres cubes ou 34276 centimètres cubes : si donc on divise le premier nombre par le second, on aura la valeur en pieds cubes du volume proposé.

On trouve pour quotient 88,637 pieds cubes.

433. 1 mètre cube, contenant 1000 décimètres cubes, contient 1000 litres, et par conséquent 100 décalitres 10 hectolitres et 1 kilolitre.

434. La pinte de Paris équivalait donc à un nombre de centimètres cubes marqué par 19,836 × 47, ou bien 932,292 centimètres cubes, ou encore 0,932 décimètres cubes : elle contenait donc 0,932 litres.

435. Le nombre cherché sera 0,932 litres $\times$ 15, ce qui donne 13,98 litres.

436. Le nombre cherché sera 0,932 litres $\times$ 14, ou 13 litres (en négligeant les centièmes de litre).

437. 125 boisseaux $\times$ 13 litres = 1625 litres. Or 1 hectolitre vaut 100 litres : en divisant donc 1625 litres par 100, on a pour quotient 16 hectolitres et pour reste 25 litres.

438. Le boisseau valant 13 litres, le setier vaut 13 $\times$ 12 ou 156 litres, ou 1 hectolitre et 56 litres (en divisant 156 par 100).

439. 156 litres $\times$ 28 = 4368 litres, ou 43 hectolitres et 68 litres (en divisant 4368 par 100).

440. 1 setier valant 156 litres, 6 setiers vaudront

156 $\times$ 6	ou	936^{lit}
1 pinte valant 0,932 litre, 9 pintes vaudront 0,932 $\times$ 9	ou	8 ,388
	Total	944^{lit},388

ou 9 hectolitres 44 litres, en négligeant les décimales.

441. 1 setier valant 156 litres, un demi-

setier vaudra 156 : 2	ou	78^{lit}
11 setiers vaudront 156 $\times$ 11	ou	1716
	Total	1794^{lit}

ou 17 hectolitres et 94 litres.

442. Le rapport de la pinte au litre étant 0,932 ou $\frac{932}{1000}$, celui du litre à la pinte sera $\frac{1000}{932}$ ou 1,0729, ou 1,073 en s'arrêtant aux millièmes.

443. 1,073 pinte $\times$ 36,45 = 39,11085 ou simplement 39,11 pintes.

444. 45 hectolitres et 15 litres font 4515 litres.
Un litre vaut 1,073 pinte : donc 4515 litres vaudront 1,073 pinte $\times$ 4515 ou 4844,595 pintes. Si on divise ce nombre par 14, le quotient sera le nombre de boisseaux contenus dans ce nombre, et le reste le nombre de pintes ; on trouve pour reste 0,595 pinte et pour quotient 346 boisseaux ; en divisant ce nombre par 12 on trouve pour quotient 28 setiers et pour reste 10 boisseaux (qui font 140 pintes) : l'expression cherchée est donc 28 setiers 140,595 pintes.

445. 120 hectolitres font 12000 litres ; le boisseau contenant 13 litres, si l'on divise 12000 par 13 on aura pour quotient le nombre de boisseaux contenus dans le nombre donné : on trouve ainsi 923 boisseaux en négligeant les décimales.

COMPARAISON DES POIDS ANCIENS ET NOUVEAUX.

446. 1 décimètre cube contenant 1000 centimètres cubes, un litre pèse 1000 grammes ou 1 kilogramme.

447. 1 mètre cube contient 1000000 de centimètres cubes : 1 mètre cube d'eau pèse donc 1000000 de grammes ou 1000 kilogrammes.

448. Le volume donné équivaut à 1345715,400 centim. cubes : l'eau contenue pèse donc 1345715,400 grammes ou 1345 kilogrammes 715 grammes et 400 milligrammes.

449. Puisque 1 mètre cube d'eau pèse 1000 kilogrammes, le poids cherché sera 45,6782 $\times$ 1000 ou 45678,2 kilogrammes.

450. Le volume de 1 kilogramme d'eau étant 1 litre, le volume de 456 kilogrammes est 456 litres.

451. Le volume de 1 gramme d'eau étant 1 centimètre cube, le volume de 36,58 grammes est 36,58 centimètres cubes ; on réduira ce volume en litres en le divisant par 1000 (puisque 1 litre équivaut à 1000

centimètres cubes) : le volume cherché sera donc 0,03658 litre.

452. 1 livre vaut 16 onces, ou 16 $\times$ 8 gros ou 16 $\times$ 8 $\times$ 72 grains. En effectuant ces multiplications on trouve 9216 grains.

453. 2 livres font 32 onces, qui font 32 $\times$ 8 ou 256 gros ; ajoutant 5 gros on a 261 gros, qui font 261 $\times$ 72 ou 18792 grains ; ajoutant 35 grains on a 18827 grains et 15 centièmes.

454. Le kilogramme valant 18827,15 grains, le gramme en vaut 18827,15 : 1000 ou 18,82715 grains. Si l'on divise 9216 par ce nombre, le quotient sera le nombre de grammes contenus dans la livre. En s'arrêtant à la 3e décimale on trouve pour quotient 439,506 grammes.

455. Puisque 1 livre vaut 16 onces, en divisant la valeur de la livre 439,506 grammes par 16, on aura la valeur de l'once en grammes : on trouve 30,5941 grammes.

456. En divisant 30,5941 grammes par 8 on aura la valeur du gros en grammes : on trouve 3,82426 ou simplement 3,8243 grammes.

457. En divisant 3,8243 grammes par 72 on aura la valeur du grain en grammes : on trouve 0,05312 grammes.

458. 42 grains valent 0,05312 grammes $\times$ 42 ou 2,231 grammes.

459. Le nombre proposé réduit en grains donne 111856 grains; si l'on multiplie ce nombre par la valeur du grain 0,05312 gramme, on trouvera pour produit 5941,79 grammes, qui font 5 kilogrammes et 941,79 grammes.

460. La livre vaut 489,506 grammes, ou bien 0,489506 kilogramme. Cette fraction pouvant se mettre sous la forme $\frac{489506}{1000000}$, en échangeant ses termes on aura la valeur du kilogramme en livres : $\frac{1000000}{489506}$. Calculant ce quotient jusqu'à la 6e décimale, on trouve 2 liv,042876.

461. 4,567 kilogram. vaudront 2liv,042876 × 4,567 ou (en effectuant la multiplication) 9,3298 livres en s'arrêtant à la 4e décimale.

462. Il s'agit de multiplier 2liv 0 o 5G 35g,15 par 56; en opérant on trouve 114liv 6on 3G 24g,4 (Observez que le produit des grains doit être divisé par 72, celui des gros par 8, celui des onces par 16, pour donner les diverses retenues à joindre aux produits suivants.)

463. Puisque 1 mètre cube d'eau pèse 1000 kilogrammes, 7,4037 mètres cubes d'eau pèseront 7,4037 × 1000 kilogrammes ou 7403,7 kilogrammes; ou, en négligeant les dixièmes, 7404 kilogrammes.

1 kilogramme vaut 2,042876 livres (no 460) : donc 7404 kilogrammes vaudront 2liv,042876 × 7404, ce qui donne 15125 livres (en négligeant les décimales).

464. 1 pied cube étant contenu 216 fois dans 1 toise cube, si l'on divise la valeur de la toise cube d'eau en kilogrammes, ou 7404 kilogrammes, par 216, le quotient sera la valeur de 1 pied cube d'eau en kilogrammes. On trouve ainsi : 34kil,2777... ou 34,28 kilogrammes.

Si l'on divise de même par 216 la valeur de la toise cube d'eau en livres ou 15125 livres, on trouvera pour quotient 70 livres (en négligeant les centièmes).

465. 1 pouce cube étant contenu 1728 fois dans 1 pied cube, si l'on divise 34,28 kilogrammes (valeur du pied cube d'eau) par 1728, le quotient sera la valeur du pouce cube d'eau en kilogrammes. On trouve ainsi 0,019837 ou 0,01984 kilogrammes, qui valent 19,84 grammes.

Si l'on divise de même 70 livres (poids de 1 pied cube d'eau) par 1728, le quotient sera la valeur de 1 pouce cube d'eau en livres : on trouve ainsi 0,040508 livre. Or la livre contient 16 fois 8 gros ou 128 gros : en multipliant donc cette valeur 0,040508 livres par 128, le produit exprimera le poids de 1 pouce cube d'eau en gros : on trouve ainsi 5,185 gros.

466. 3T C· 48 P C réduits en pieds cubes donnent 696 P C. Or le pied cube d'eau pèse 34,277 kilogrammes; en multipliant ce nombre par 696, on aura le poids cherché en kilogrammes. On trouve ainsi : 23857 kilogrammes, en négligeant les décimales.

Le pied cube d'eau pèse également 70 livres et $\frac{2}{100}$. Multipliant ce nombre par 696, on trouve pour le poids cherché 48733 livres, en négligeant les décimales.

COMPARAISON DES MONNAIES ANCIENNES ET NOUVELLES.

467. On suppose dans ce problème que 1 franc vaut exactement 1 livre. Cela posé :

13 sous valent 13 fois 12 deniers ou 156 deniers ; on a donc en tout 1 livre et 162 deniers. Mais la livre vaut 12 × 20 deniers ou 240 deniers : la fraction à joindre à la livre est donc $\frac{162}{240}$, qui donne $0^{fr},675$. Le premier nombre donné vaut donc $1^{fr},675$.

En opérant de même pour les deux autres, on trouvera pour le second $3^{fr},7625$ ou $3^{fr},763$
et pour le troisième 15 ,0916 ou 15 ,092

468. (On suppose encore que la livre vaut le franc.) La fraction $\frac{75}{100}$ peut être convertie facilement en sous, en observant que 1 sou est le 20e de 1 livre. En divisant les deux termes de la fraction par 5 elle devient $\frac{15}{20}$ ou 15 sous : le premier nombre cherché est donc $20^{liv}\ 15^{s}$

En opérant de même pour le second, on trouve 2 8

On voit que l'opération se réduit à diviser par 5 le nombre de centimes ; le quotient est le nombre de sous équivalent.

469. Puisque 81 livres valent 80 francs, 1 livre vaut $\frac{80}{81}$ de franc. Pour résoudre le problème il faut donc prendre les $\frac{80}{81}$ de 2566, c'est-à-dire multiplier ce nombre par 80 et diviser le produit par 81. En effectuant le calcul on trouve : 2534^{fr},32.

470. 2^{liv} 15^{s} exprimés en livres et décimales de livre donnent 2^{liv},75 $\left(\text{car } \frac{15}{20} = \frac{75}{100}\right)$. Ce nombre multiplié par 48 donne pour produit 132 livres. Si l'on prend les $\frac{80}{81}$ de cette somme on aura sa valeur en francs : 130^{fr},37.

471. 5^{liv} 16^{s} valent 5^{liv},8 $\left(\text{car} \frac{16}{20} = \frac{8}{10}\right)$. En multipliant ce nombre par 17 on a pour produit 98^{liv},6 ; et si l'on en prend les $\frac{80}{81}$ on trouvera 97^{fr},38.

472. 23^{liv} 11^{s} valent 23^{liv},55, qui multipliés par 6 donnent 141^{liv},30 ; les $\frac{80}{81}$ de ce nombre sont 139^{fr},55.

473. 47^{liv} 4^{s} valent 47^{liv},2, qui multipliés par 5 donnent 236^{liv}, dont les $\frac{80}{81}$ sont 233^{fr},09.

474.

3 louis de 48 livres valent	3 fois 47^{liv},2	ou 141^{liv},6
10 de 24	10 fois 23 ,55	ou 235 ,5
50 écus de 6	50 fois 5 ,8	ou 290
26 de 3	26 fois 2 ,75	ou 71 ,5
La somme totale vaut donc en livres		738^{liv},6

En en prenant les $\frac{80}{81}$ on trouve pour la même valeur en francs 729^{fr},48.

RÈGLE DE TROIS SIMPLE.

475. 1re *solution*. Si 3 livres ont coûté 39 francs, 1 liv. coûterait le tiers de 39 fr. ou 13 fr. : 7 liv. coûteront donc 7 fois ce que coûterait 1 liv. ou 7 fois 13 fr., c'est-à-dire 91 fr.

2e *solution*. Posez la proportion 3^{liv} : 7^{liv} : : 39^{fr} : x. On obtient la valeur de l'extrême cherché en divisant le produit des moyens par l'extrême connu, $x = \frac{39 \times 7}{3}$. En effectuant le calcul on trouve encore $x = 91$ fr.

(La seconde méthode de solution est la plus commode; mais la première est la plus rationnelle, et méritera la préférence toutes les fois que l'énoncé de la question n'indiquera pas immédiatement la proportion à établir.)

476. Posez la proportion $8^{aun} : 100^{fr} :: 13^{aun} : x$, d'où l'on tire $x = \frac{100^{fr} \times 13}{8} = 162^{fr},50$.

477. Posez la proportion $42^{fr} : 26^{fr} :: 36^{lit} : x$, d'où l'on tire $x = \frac{26 \times 36^{lit}}{42} = 22,28$ litres.

478. Si 25 feuilles coûtent 15 sous, 1 feuille coûtera le 25ᵉ de 15 sous ou $\frac{15}{25}$ de sous, c'est-à-dire $\frac{3}{5}$ ou 3 centimes (puisque 1 sou vaut 5 centimes).

479. Puisque 1 main coûte au détail $0^{fr},65$, 1 rame ou 20 mains coûteraient au même prix 20 fois $0^{fr},65$ ou 13^{fr} ; or en gros la même quantité ne se paie que $12^{fr},50$. La différence 50 centimes est ce que l'on paie de plus par rame au détail.

480. Si 15 fr. est le prix de la quantité de mercure qui remplit le vase entier, le prix des $\frac{3}{5}$ de cette quantité sera les $\frac{3}{5}$ de 15 fr. ou 9 fr.

481. Posez la proportion $20^{liv} : 50^{liv} :: 3^{fr} : x$, d'où l'on tire $x = \frac{3^{fr} \times 50}{20} = 7^{fr},50$.

482. Posez la proportion $100^{liv} : 86^{liv} :: 17^{liv} : x$, d'où l'on tire $x = \frac{86 \times 17}{100} = 14^{liv},62$.

483. Posez la proportion $5 : 18 :: 14^{s} : x$, d'où l'on tire $x = \frac{14^{s} \times 18}{5} = 50^{s}$ et $4^{d}\frac{4}{5}$ ou 5 deniers.

484. Posez la proportion $12 : 100 :: 15^{fr},25 : x$, d'où l'on tire $x = \frac{15^{fr},25 \times 100}{12} = 127^{fr},08$.

485. Posez la proportion
5 lieues : 28 lieues : : 4 heures : x,
d'où l'on tire $x = \frac{28 \times 4^{h}}{5} = 22$ heures 24 minutes.

486. La différence de 26 fr. à 30 fr. étant 4 fr., posez la proportion $30^{fr} : 4^{fr}$ de gain $:: 100^{fr} : x$, d'où l'on tire $x = \frac{4^{fr} \times 100}{30} = 13^{fr},33$.

487. La différence de 17 fr. à 19 fr. étant 2 fr., posez la proportion $17^{fr} : 2^{fr}$ de perte $:: 100^{fr} : x$, d'où l'on tire $x = \frac{2 \times 100^{fr}}{17} = 11^{fr},76$.

488. Posez la proportion
$37^{fr},50 : 60^{fr} ::$ 25 écoliers : x,
d'où l'on tire $x = \frac{25 \times 60}{37,50} = 40$ écoliers.

489. Si 28 ouvriers ont fait cet ouvrage en 15 jours,

1 ouvrier le ferait en 28 fois 15 jours ou 420 jours : 26 ouvriers le feront donc dans le 26e de 420 jours ou $\frac{420 \text{ jours}}{26} = 16$ jours et $\frac{2}{13}$.

La règle de trois est dite *inverse* dans le cas précédent, parce que, le nombre des jours augmentant quand le nombre des ouvriers diminue, si l'on posait une proportion pour trouver le nombre de jours cherchés, il faudrait prendre pour moyens les nombres 28 et 15 qui dépendent l'un de l'autre, et pour extrêmes les nombres 26 et x qui ont la même dépendance mutuelle.

Quand la règle de trois est *directe*, les quantités qui dépendent l'une de l'autre sont prises pour les termes d'un même rapport : ainsi dans le n° 488 les antécédents sont 37 fr. 50 c. et 25 écoliers, qui dépendent l'un de l'autre, et les conséquents sont 60 fr. et x, qui ont la même dépendance.

490. Si 150^m d'ouvrage sont faits par 12 ouvriers dans 1 jour, 50^m ou le tiers de 150^m seront faits dans le même temps par le tiers de 12 ouvriers, c'est-à-dire par 4 ouvriers : donc 200^m ou 4 fois 50^m seront faits dans le même temps par 4 fois 4 ouvriers ou 16 ouvriers. Le nombre cherché dépend de la proportion $150^m : 200^m :: 12 : x$ ou 16. Les quantités qui dépendent l'une de l'autre entrent comme antécédents et comme conséquents dans cette proportion. La règle de trois est *directe*.

491. Posez la proportion

$$15 \text{ ouvriers} : 22 \text{ ouvriers} :: 36^m : x,$$

d'où l'on tire $x = \frac{36^m \times 22}{15} = 52^m,8$.

492. Si 23 ouvriers font 345 kilogrammes de marchandise, 17 de ces mêmes ouvriers feraient dans le même temps une quantité de marchandise indiquée par le 4e terme de la proportion $23 : 17 :: 345^{kil} : x$, d'où $x = \frac{345^{kil} \times 17}{23} = 255^{kil}$; mais les 17 ouvriers dont il s'agit font dans ce temps 306 kilogrammes : le rapport de leur habileté est donc $:: \frac{306}{255} = 1,2$ ou $1\frac{1}{5}$; les seconds sont donc d'un 5e plus habiles que les premiers.

493. Le premier cheval, franchissant 3 lieues en 32 minutes, franchirait $2\frac{1}{2}$ lieues dans un nombre de minutes marqué par le 4e terme de la proportion $3 : 2\frac{1}{2} :: 32^{min} : x$, d'où l'on tire $x = \frac{32^{min} \times 2\frac{1}{2}}{3}$ $= 26^{min}\frac{2}{3}$. Le second cheval franchit cet espace en 28 minutes : le rapport de leurs vitesses est donc $\frac{28}{26\frac{2}{3}} = \frac{84}{80} = \frac{21}{20} = 1\frac{1}{20}$. La vitesse du premier est donc d'un 20e plus grande que celle du second.

494. La première fontaine, fournissant 15 litres en 2 minutes, fournirait 27 litres dans un temps marqué par le 4e terme de la proportion $15^{lit} : 27^{lit} :: 2 : x$, d'où $x = \frac{27^{lit} \times 2^{min}}{15} = 3^{min}\,36^{sec}$. La seconde fontaine fournissant le même nombre de litres dans le même temps, leur abondance est la même.

495. Ce travail, étant fait en 15 jours par 12 ouvriers, serait fait en 1 jour par 15 fois 12 ouvriers ou 180 ouvriers : il sera donc fait en 10 jours par le 10e de ce nombre d'ouvriers ou par 18 ouvriers.

La règle de trois est *inverse.*

$$10^{j} : 15^{j} :: 12^{ouvr} : 18^{ouvr}$$

Les quantités qui dépendent l'une de l'autre entrent comme moyens et comme extrêmes dans cette proportion.

496. Prenez pour moyens les quantités 15 ouvriers et 25 jours, et posez la proportion

$$18^{ouvr} : 15^{ouvr} :: 25^{j} : x,$$

d'où l'on tire $x = \frac{25^{j} \times 15}{18} = 20^{j}\,\frac{5}{6}$

497. Puisque une tapisserie à 1 pied 9 pouces ou 21 pouces de largeur exige 12 rouleaux, une tapisserie à 1 pouce de largeur exigerait 21 fois 12 rouleaux ou 252 rouleaux : une tapisserie à 1 pied 6 pouces ou 18 pouces exigera donc le 18e de ce nombre de rouleaux ou $\frac{252}{18}$, c'est-à-dire 14 rouleaux.

On arriverait au même résultat en posant la proportion

$$18^{pouces} : 21^{pouces} :: 12^{rouleaux} : x, \text{ d'où } x = 14^{rouleaux}$$

498. Prenez pour moyens les quantités 588 planches et 15 pouces, et posez la proportion

$$18^{\text{pouces}} : 15^{\text{pouces}} :: 588^{\text{planches}} : x,$$

d'où l'on tire $x = \frac{588 \times 15}{18} = 490^{\text{planches}}$

499. Posez la proportion $100^{\text{kil}} : 75^{\text{kil}} :: 22^{\text{fr}} : x$,

d'où l'on tire $x = \frac{75 \times 22^{\text{fr}}}{100} = 16^{\text{fr}},50$

A cette somme ajoutez $0^{\text{fr}},75$ pour la lettre de voiture, le total sera $17^{\text{fr}},25$.

500. Posez la proportion $100^{\text{fr}} : 550^{\text{fr}} :: 18^{\text{fr}} : x$,

d'où l'on tire $x = \frac{550 \times 18^{\text{fr}}}{100} = 99^{\text{fr}}$

501. On devait payer 28 fr. pour 100, mais on rabat 6 fr. pour 100 : on ne paie donc de fait que 22 fr. pour 100 : posez donc la proportion $100^{\text{fr}} : 250^{\text{fr}} :: 22^{\text{fr}} : x$,

d'où l'on tire $x = \frac{250 \times 22^{\text{fr}}}{100} = 55^{\text{fr}}$

502. Si en 4 jours il n'a fait que 33^{m} d'ouvrage, en 18 jours il ne fera, s'il continue de même, qu'un nombre de mètres marqué par le 4e terme de la proportion

$$4^{\text{j}} : 18^{\text{j}} :: 33^{\text{m}} : x, \quad \text{d'où } x = \frac{33^{\text{m}} \times 18}{4}$$

$$\text{ou } x = 148^{\text{m}},5$$

Il n'aura donc pas atteint la quantité convenue pour avoir la gratification.

503. Si 1 personne broche 40 exemplaires par jour, en 15 jours elle en brochera 15 fois 40 ou 600 : il faudra donc 10 personnes pour brocher les 6000, puisque 6000 contient 10 fois 600.

RÈGLE DE TROIS COMPOSÉE.

504. Si 15 ouvriers travaillant 7 jours ont fait 150^m d'ouvrage,

1 ouvrier travaillant 7 jours ferait $150^m : 15$ ou $\frac{150^m}{15}$

1 ouvrier travaillant 1 jour ferait $\frac{150^m}{15} : 7$

ou $\frac{150^m}{15 \times 7}$.

18 ouvriers travaillant 1 jour feraient $\frac{150^m}{15 \times 7} \times 18$

ou $\frac{150^m \times 18}{15 \times 7}$

Donc 18 ouvriers travaillant 9 jours feront $\frac{150^m \times 18}{15 \times 7} \times 9$ ou $\frac{150^m \times 18 \times 9}{15 \times 7}$

Effectuant le calcul indiqué, en observant que le facteur 15 est commun aux deux termes et peut être supprimé, on trouvera $\frac{10^m \times 18 \times 9}{7} = 231^m\frac{3}{7}$

505. Si 8 ouvriers, pour faire 95^m de long sur 12^m de large, ont mis 5 jours,

1 ouvrier, pour faire 95^m de long sur 12 de large, mettrait 5×8 jours;

1 ouvrier, pour faire 1^m de long sur 12^m de large, mettrait $\frac{5 \times 8}{95}$ jours;

1 ouvrier, pour faire 1^m de long sur 1^m de large, mettrait $\frac{5 \times 8}{95 \times 12}$ jours;

1 ouvrier, pour faire 1^m de long sur 20^m de large, mettrait $\frac{5 \times 8 \times 20}{95 \times 12}$ jours;

1 ouvrier, pour faire 50^m de long sur 20^m de large, mettrait $\frac{5 \times 8 \times 20 \times 50}{95 \times 12}$ jours;

Donc 10 ouvriers, pour faire 50^m de long sur 20^m de large, mettront $\frac{5 \times 8 \times 20 \times 50}{95 \times 12 \times 10}$ jours.

En effectuant le calcul après réduction on trouve pour résultat 3 jours $\frac{29}{57}$.

506. Le premier champ a une superficie de $15^m,5 \times 75^m$ ou 1162,5 mètres carrés; la superficie du second est $17^m,25 \times 60^m$ ou 1035 mètres carrés. Si 1035 mètres carrés sont offerts pour 5000 fr., les 1162,5 mètres carrés coûteraient au même prix une somme marquée par le 4e terme de la proportion

$$1035 : 1162,5 :: 5000^{fr} : x$$

d'où l'on tire $x = \frac{1162,5 \times 5000^{fr}}{1035}$;

ou, en effectuant le calcul, $x = 5615^{fr},94$. Mais on l'offre pour 5400 fr. Le rapport de ces deux prix est $\frac{5615^{fr},94}{5400^{fr}}$, qui donne 1,04 ou $1\frac{1}{25}$; le second champ est donc d'un 25e plus cher que le premier.

807. Si 3 ouvriers, travaillant 8 jours et 10 heures par jour, ont fait 45^m,

1 ouvrier, travaillant 8 jours et 10 heures par jour, ferait $\frac{45^m}{3}$ ou 15^m;

1 ouvrier, travaill. 1 jour de 10 heures, ferait $\frac{15^m}{8}$;

1 ouvrier, travaill. 1 jour de 1 heure, ferait $\frac{15^m}{8 \times 10}$;

1 ouvrier, travaill. 1 jour de 9 heures, ferait $\frac{15^m \times 9}{8 \times 10}$;

1 ouvrier, travaillant 7 jours et 9 heures par jour, ferait $\frac{15^m \times 9 \times 7}{8 \times 10}$.

Donc 7 ouvriers, travaillant 7 jours et 9 heures par jour, feront $\frac{15^m \times 9 \times 7 \times 7}{8 \times 10}$;

ou, en effectuant le calcul après réduction, $82^m,6875$.

808. Si, marchant 5 jours avec une vitesse représentée par 1, il emploie 8 heures par jour pour faire une certaine route, en 5 jours, avec une vitesse représentée par $\frac{6}{5}$, il emploierait par jour pour faire la même route un nombre d'heures marqué par 8 divisé

par $\frac{6}{5}$ ou $\frac{8^h \times 5}{6}$. En ne marchant qu'un jour avec la même vitesse il emploierait 5 fois plus d'heures ou $\frac{8^h \times 5 \times 5}{6}$: donc en 4 jours il emploiera 4 fois moins d'heures ou $\frac{8^h \times 5 \times 5}{6 \times 4} = 8^h \frac{1}{3}$

509. Si avec 12 liv. de fil on a tissé une toile de $\frac{3}{4}$ d'aune de large et de 27 aunes de long,

Avec 12 liv. on tisserait une toile de $\frac{1}{4}$ d'aune de large et de 3 fois 27 ou 81 aunes de long;

Avec 12 liv. de fil on tisserait une toile de 1 aune de large et de $\frac{81}{4}$ aunes de long;

Avec 1 liv. de fil on tisserait une toile de 1 aune de large et de $\frac{81}{4 \times 12}$ aunes de long;

Avec 1 liv. de fil on tisserait une toile de $\frac{1}{5}$ d'aune de large et de $\frac{81 \times 5}{4 \times 12}$ aunes de long;

Avec 1 liv. de fil on tisserait une toile de $\frac{4}{5}$ d'aune de large et de $\frac{81 \times 5}{4 \times 12 \times 4}$ aunes de long.

Donc avec 15 liv. on tisserait une toile de $\frac{4}{5}$ d'aune de large et de $\frac{81 \times 5 \times 15}{4 \times 12 \times 4}$ aunes de long. En effectuant le calcul, après réduction, on trouve pour résultat :

$$31 \text{ aunes et } \frac{41}{64}$$

510.
Si pour 3 chevaux pendant 4 jours il faut 230 livres,

Pour 1 cheval pendant 4 jours il faudrait $\frac{230}{3}$ liv.;

Pour 1	1	$\frac{230}{3 \times 4}$.
Pour 1	7	$\frac{230 \times 7}{3 \times 4}$

Donc pour 7 chevaux pendant 7 jours il faudra

$$\frac{230 \times 7 \times 7}{3 \times 4} \text{ livres,}$$

ou, en effectuant le calcul, 939 livres $\frac{1}{6}$

511. En opérant d'une manière analogue on aura :

pour	de long	de large	de prof.	
24 ouvr.	100^m	2^m	$1^m,3$	15 j.
1	100	2	1 ,3	15×24
1	1	2	1 ,3	$\frac{15 \times 24}{100}$
1	1	1	1 ,3	$\frac{15 \times 24}{100 \times 2}$

pour	de long	de large	de prof.	
1 ouvr.	1^m	1^m	1^m	$\frac{15\times24}{100\times2\times1,3}$ j.
1	1	1	0,9	$\frac{15\times24\times0,9}{100\times2\times1,3}$
1	1	1,85	0,9	$\frac{15\times24\times0,9\times1,85}{100\times2\times1,3}$
1	80	1,85	0,9	$\frac{15\times24\times0,9\times1,85\times80}{100\times2\times1,3}$
Donc pour 17 ouvr.	80	1,85	0,9	$\frac{15\times24\times0,9\times1,85\times80}{100\times2\times1,3\times17}$

En effectuant le calcul après réduction on trouve :

$10^j,85$

312. De même

Si pour 115^m de long, $2^m,3$ de haut, travaillant 45 jours et 10 heures par jour, il faut 14 ouvriers,

de long	de haut	pendant	par jour	il en faudra
pour 115^m	$2^m,3$	45 j.	à 1^h	14×10
115	2,3	1	1	$14\times10\times45$
115	1	1	1	$\frac{14\times10\times45}{2,3}$
1	1	1	1	$\frac{14\times10\times45}{2,3\times115}$
1	1	1	9	$\frac{14\times10\times45}{2,3\times115\times9}$
1	1	30	9	$\frac{14\times10\times45}{2,3\times115\times9\times30}$

	de long	de haut	pendant	par jour	il en faudra
pour	1m	3m	30 j.	à 9h,	$\frac{14\times10\times45\times3}{2,3\times115\times9\times30}$
Donc					
pour	180	3	30	9	$\frac{14\times10\times45\times3\times180}{2,3\times115\times9\times30}$

En effectuant le calcul après réduction on trouve 47 à 48 ouvriers.

813. 1 livre de la 3e matière valant 5 fr. 70 c., 11 livres de cette matière vaudront 5 fr. 70 c. $\times$ 11 ou 62 fr. 70 c.; 7 livres de la 2e matière vaudront également 62 fr. 70 c.; 1 livre de cette 2e matière vaudra $\frac{62^{fr},70}{7}$; 5 livres de cette 2e matière vaudront $\frac{62^{fr},70\times5}{7}$; 3 livres de la 1re matière vaudront aussi $\frac{62^{fr},70\times5}{7}$. Donc 1 livre de cette 1re matière vaudra $\frac{62^{fr},70\times5}{7\times3}$.

En effectuant le calcul on trouve $14^{fr},928$ ou $14,^{fr}93$.

814. La 4e montagne ayant 3600 mètres, la 3e, qui en est les $\frac{9}{10}$, aura $\frac{3600^{m}\times9}{10}$ ou 3240^{m}; la 2e, qui est double de la 3e, aura 6480^{m}, et la 1re, qui est les $\frac{2}{3}$ de la 2e, aura $\frac{6480^{m}\times2}{3}$ ou 4320^{m}.

On parviendrait au même résultat en multipliant 3600^{m} par le produit des rapports indiqués

$$\frac{2}{3}\times2\times\frac{9}{10}$$

515. 1 objet de la 1re espèce vaut les $\frac{19}{15}$ de 1 objet de la 2e ; 1 objet de la 2e espèce vaut les $\frac{5}{4}$ de 1 objet de la 3e : 1 objet de la 1re espèce vaut donc les $\frac{19}{15}$ des $\frac{5}{4}$ de 1 objet de la 3e, ou les $\frac{19}{15} \times \frac{5}{4}$ de 1 objet de la 3e espèce.

1 objet de la 3e espèce en vaut $\frac{10}{7}$ de la 4e espèce : 1 objet de la 1re vaut donc les $\frac{19}{15} \times \frac{5}{4}$ des $\frac{10}{7}$ de 1 objet de la 4e espèce, ou les $\frac{19}{15} \times \frac{5}{14} \times \frac{10}{7}$ de 1 objet de la 4e espèce.

1 objet de la 4e espèce vaut les $\frac{3}{14}$ de 1 objet de la 5e espèce : 1 objet de la 1re espèce vaut donc les $\frac{19}{15} \times \frac{5}{4} \times \frac{10}{7} \times \frac{3}{14}$ de 1 objet de la 5e espèce.

1 objet de la 5e espèce vaut $\frac{1}{2}$ de 1 objet de la 6e espèce : 1 objet de la 1re espèce vaut donc les $\frac{19}{15} \times \frac{4}{5} \times \frac{10}{7} \times \frac{3}{14} \times \frac{1}{2}$ de 1 objet de la 6e espèce.

Mais 1 objet de la 6e espèce vaut les $\frac{13}{42}$ de 1 objet de la 7e : donc 1 objet de la 1re espèce vaut les

$\frac{19}{15} \times \frac{5}{4} \times \frac{10}{7} \times \frac{3}{14} \times \frac{1}{2} \times \frac{13}{42}$ de 1 objet de la 7e espèce.

Donc 100 objets de la 1re espèce vaudront $\frac{19}{15} \times \frac{5}{4} \times \frac{10}{7} \times \frac{3}{14} \times \frac{1}{2} \times \frac{13}{42} \times 100$ objets de la 7e espèce.

En effectuant le calcul on trouve 7 et $\frac{2063}{4116}$

QUESTIONS SUR L'INTÉRÊT DE L'ARGENT.

816. Posez la proportion
100 f. de capital : 3500 f. de capital : : 5 f. d'intérêt : x,
d'où l'on tire pour l'intérêt cherché

$$x = \frac{3500 \text{ f.} \times 5}{100} = 175 \text{ f.}$$

817. Posez la proportion
100 fr. : 3600 fr. : : 5 fr. : x,
d'où l'on tire

$$x = \frac{3600 \text{ fr.} \times 5}{100} = 180 \text{ fr.}$$

818. Posez la proportion
100 fr. : 340 fr. 50 c. : : 6 fr. : x,

d'où l'on tire

$$x = \frac{340 \text{ fr. } 50 \text{ c.} \times 6}{100} = 20 \text{ fr. } 43 \text{ c.}$$

519. Posez la proportion

$$100 \text{ fr.} : 180 \text{ fr.} :: 5\frac{1}{2} : x,$$

d'où l'on tire

$$x = \frac{180 \text{ fr.} \times 5\frac{1}{2}}{100} = \frac{180 \text{ fr.} \times \frac{11}{2}}{100} = 9 \text{ fr. } 90 \text{ c.}$$

520. Posez la proportion

$$100 \text{ fr.} : 270 \text{ fr.} :: 6\frac{2}{3} : x,$$

d'où l'on tire

$$x = \frac{270 \text{ fr.} \times 6\frac{2}{3}}{100} = \frac{270 \text{ fr.} \times \frac{20}{3}}{100} = 18 \text{ fr.}$$

521. Posez la proportion

5 f. d'intérêt : 26 f. d'intérêt :: 100 f. de capital : x,

d'où l'on tire

$$x = \frac{26 \text{ f.} \times 100}{5} = 520 \text{ f.}$$

522. Posez la proportion

$$4\frac{1}{2} : 150 \text{ fr. } 75 \text{ c.} :: 100 \text{ fr.} : x,$$

d'où l'on tire

$$x = \frac{150\text{f}.75\text{c}.\times 100}{4\frac{1}{2}} = \frac{150\text{f}.75\text{c}.\times 100 \times 2}{9} = 3350\text{ f.}$$

523. Posez la proportion
3600 f. de capital : 100 f. de capital : : 180 f. d'intérêt : x,
d'où l'on tire

$$x = \frac{180\text{ f.} \times 100}{3600} = 5\text{ f.}$$

524. Posez la proportion

10000 fr. : 100 fr. : : 525 fr. : x,

d'où l'on tire

$$x = \frac{525\text{ fr.} \times 100}{10000} = 5\text{ fr. } 25\text{ c.} \quad \text{ou} \quad 5\frac{1}{4}$$

525. Le taux de 5 p. 100 par an équivaut à $2\frac{1}{2}$ p. 100 pour 6 mois; on posera donc la proportion

$$100\text{ fr.} : 500\text{ fr.} :: 2\frac{1}{2} : x,$$

d'où

$$x = \frac{500 \times 2\frac{1}{2}}{100} = 5 \times 2\frac{1}{2} = 12\text{ fr. } 50\text{c.}$$

526. L'intérêt étant de 6 p. 100 par an sera de $\frac{6}{12}$ p. 100 par mois, et de 7 fois $\frac{6}{12}$ ou $\frac{6 \times 7}{12}$ pour 7

mois ; on posera donc la proportion

$$100 \text{ fr.} : 250 \text{ fr.} :: \frac{6 \times 7}{12} : x,$$

d'où l'on tire

$$x = \frac{250 \text{ fr.} \times \frac{7}{2}}{100} = 8 \text{ fr. } 75 \text{ c.}$$

527. L'année étant censée avoir 360 jours et tous les mois 30 jours, 3 mois et 20 jours font 110 jours, et sont par conséquent les $\frac{110}{360}$ ou les $\frac{11}{36}$ de l'année. L'intérêt étant de $4 \frac{1}{2}$ p. 100 par an, pour 110 jours il sera les $\frac{11}{36}$ de $4 \frac{1}{2}$ ou $4 \frac{1}{2} \times \frac{11}{36}$ ou $\frac{99}{72}$ ou enfin $\frac{11}{8}$. On posera donc la proportion

$$100 \text{ fr.} : 4800 \text{ fr.} :: \frac{11 \text{ fr.}}{8} : x,$$

d'où

$$x = \frac{4800 \text{ fr.} \times \frac{11}{8}}{100} = \frac{600 \text{ fr.} \times 11}{100} = 66 \text{ fr.}$$

528. Les 5 mois 12 jours font 162 jours ; ajoutez 360 jours pour l'année, le nombre total des jours sera 522 et par conséquent les $\frac{522}{360}$ de l'année. L'intérêt, étant de 5 p. 100 par an, sera pour 1 an 5 mois 12

jours les $\frac{522}{360}$ de 5, ou $\frac{522 \times 5}{360}$ ou enfin $\frac{29}{4}$. On posera donc la proportion

$$100 \text{ fr.} : 356 \text{ fr.} :: \frac{29}{4} : x,$$

d'où l'ón tire

$$x = \frac{356 \text{ fr.} \times \frac{29}{4}}{100} = \frac{89 \text{ fr.} \times 29}{100} = 25 \text{ fr. } 81 \text{ c.}$$

529. L'intérêt de 100 fr., étant 5 fr. par an, sera de $\frac{5}{12}$ pour 1 mois et de 10 fois $\frac{5}{12}$ ou $\frac{50}{12}$ pour 10 mois. On posera donc la proportion

$$\frac{50}{12} : 100 :: 56 \text{ fr.} : x,$$

d'où

$$x = \frac{5600 \text{ fr.}}{\frac{50}{12}} = 1344 \text{ fr.}$$

530. Les 4 mois et 15 jours font 135 jours; ajoutez 360 jours pour l'année, le nombre total des jours sera 495 jours ou les $\frac{495}{360}$ de l'année. L'intérêt de 100 fr., étant de 6 fr. par an, sera pour 1 an 4 mois 15 jours les $\frac{495}{360}$ de 6 fr. ou $\frac{495 \times 6 \text{ fr.}}{360}$ ou $\frac{33 \text{ fr.}}{4}$ On posera donc la proportion

$$\frac{33 \text{ fr.}}{4} : 100 \text{ fr.} :: 102 \text{ fr. } 13 \text{ c.} : x,$$

d'où l'on tire

$$x = \frac{102\text{ f. } 13\text{ c.} \times 100}{\frac{33}{4}} = 1237\text{ f. } 90\text{ c. ou } 1238\text{ f.}$$

531. L'intérêt, ayant été de 70 fr. pour 7 mois, eût été de $\frac{70\text{ fr.}}{7}$ ou 10 fr. pour 1 mois, et par conséquent serait de 12 fois 10 fr. ou 120 fr. pour 1 an. On posera donc la proportion

$$2000\text{ fr.} : 100\text{ fr.} :: 120\text{ fr.} : x,$$

d'où l'on tire

$$x = \frac{120\text{ fr.} \times 100}{2000} = 6\text{ fr.}$$

532. La différence de 372 f. 15 c. à 360 f. étant 12 f. 15 c., ce nombre exprime l'intérêt qu'a rapporté le capital en 9 mois. En 1 mois il eût rapporté $\frac{12\text{ f. } 15\text{ c.}}{9}$, et en 12 mois rapporterait $\frac{12\text{ f. } 15\text{ c.} \times 12}{9}$ ou 16 f. 20 c. On posera donc la proportion

$$360\text{ f.} : 100\text{ f.} :: 16\text{ f. } 20\text{ c.} : x,$$

d'où l'on tire

$$x = \frac{16\text{ f. } 20\text{ c.} \times 100}{360} = 4\text{ f. } 50\text{ c. ou } 4\ \frac{1}{2}$$

533. Pour avoir l'intérêt de 1500 fr. pour 1 an à 5 p. 100, posez la proportion

$$100\text{ fr.} : 1500\text{ fr.} :: 5\text{ fr.} : x,$$

d'où l'on tire

$$x = \frac{1500 \text{ fr.} \times 5}{100} = 75 \text{ fr.}$$

Pour avoir l'intérêt de la même somme pour 9 mois à 6 pour 100 par an, observez que 6 p. 100 par an font $\frac{6}{12}$ ou $\frac{1}{2}$ par mois, et par conséquent $\frac{9}{2}$ pour 9 mois. On posera donc la proportion

$$100 \text{ fr.} : 1500 \text{ fr.} :: \frac{9}{2} : x,$$

d'où l'on tire

$$x = \frac{1500 \text{ fr.} \times \frac{9}{2}}{100} = 67 \text{ fr. } 50 \text{ c.}$$

Si de 75 fr. on retranche 67 fr. 50 c., la différence, 7 fr. 50 c., sera ce que le rentier aura perdu en différant le placement.

534. Posez les proportions

$100 \text{ f.} : 12000 \text{ f.} :: 6 : x$, d'où l'on tire $x = 720$ f.
$100 : 7000 :: 5 : x$, $x = 350$
$100 : 5000 :: 7 : x$, $x = 350$

Ces deux derniers placements ne donnent en somme que 700 fr. : le premier serait donc de 20 fr. plus avantageux.

535. L'intérêt, étant à 6 p. 100 par an, revient à $\frac{6 \text{ fr.}}{12}$ ou $\frac{1 \text{ fr.}}{2}$ par mois. Or, la personne qui remboursera devra tenir compte 1° de l'intérêt des 100 fr. rem-

boursés au bout de 1 mois, c'est-à-dire $\frac{1 \text{ fr.}}{2}$; 2° de l'intérêt des 100 fr. remboursés au bout de 2 mois, c'est-à-dire $\frac{2 \text{ fr.}}{2}$; 3° de l'intérêt des 100 fr. remboursés au bout de 3 mois, c'est-à-dire $\frac{3 \text{ fr.}}{2}$, et ainsi de suite : en sorte que la somme totale des intérêts dont il faudra tenir compte est

$$\left(\frac{1}{2}+\frac{2}{2}+\frac{3}{2}+\frac{4}{2}+\frac{5}{2}+\frac{6}{2}+\frac{7}{2}+\frac{8}{2}+\frac{9}{2}+\frac{10}{2}+\frac{11}{2}+\frac{12}{2}\right) \text{fr.}$$

$$\text{ou } \frac{78 \text{ fr.}}{2} \text{ ou } 39 \text{ fr.}$$

536. Du 1er janvier au 15 février il faut compter 30 + 15 ou 45 jours, c'est-à-dire $\frac{45}{360}$ de l'année; l'intérêt étant à 6 p. 100 par an sera de $\frac{45 \times 6}{360}$ ou $\frac{3}{4}$ pour 45 jours; et, comme la somme remboursée à cette époque est précisément 100 fr., l'intérêt sera $\frac{3}{4}$ de franc ou » f. 75 c.

Du 15 février au 20 avril il faut compter 65 jours; cela fait donc, depuis le 1er janvier, 65 + 45 ou 110 jours : l'intérêt pour ce temps est donc de $\frac{110}{360} \times 6$ ou

$\frac{11}{6}$; et l'on posera la proportion

$100 \text{ f.} : 120 \text{ f.} :: \frac{11}{6} : x$, d'où $x =$ 2 f. 20 c.

Du 20 avril au 1er juillet il faut compter 70 jours; cela fait, depuis le 1er janvier, 110 + 70 ou 180 jours : l'intérêt pour ce temps est donc $\frac{180}{360} \times 6$ ou 3 p. 100, et l'on aura la proportion

$100 \text{ f.} : 400 \text{ f.} :: 3 : x$, d'où $x =$ 12 »

Du 1er juillet au 10 août il faut compter 40 jours ; cela fait, depuis le 1er janvier, 220 jours ou les $\frac{220}{360}$ de l'année : l'intérêt pour ce temps est donc de $\frac{220 \times 6}{360}$ ou $\frac{11}{3}$; et, comme la somme remboursée à cette époque est précisément 100 f., l'intérêt est $\frac{11}{3}$ de franc ou 3 67

Du 10 août au 1er octobre il faut compter 50 jours ; cela fait, du 1er janvier, 270 jours ou les $\frac{270}{360}$ de l'année : l'intérêt pour ce temps est donc de $\frac{270 \times 6}{360}$ ou $\frac{9}{2}$, et l'on posera la proportion

$100 \text{ f.} : 150 \text{ f.} :: \frac{9}{2} : x$, d'où $x =$ 6 75

Du 1er au 20 octobre, 20 jours; cela

fait, depuis le 1er janvier, 290 jours ou les $\frac{290}{360}$ de l'année : l'intérêt pour ce temps est donc de $\frac{290 \times 6}{360}$ ou $\frac{29}{6}$, et l'on posera la proportion

100 f. : 250 f. :: $\frac{29}{6}$: x, d'où $x =$ 12 f. 8 c.

Du 20 octobre au 1er novembre 10 jours, ou depuis le 1er janvier 300 jours ou les $\frac{300}{360}$ de l'année, et l'intérêt pour ce temps est de $\frac{300 \times 6}{360}$ ou 5 p. 100. Or, il est facile, en faisant la somme des remboursements effectués, de voir que le dernier remboursement doit être de 130 f. : on posera donc la proportion

100 f. : 130 f. :: 5 : x, d'où $x =$ 6 50

Si maintenant on fait la somme des divers intérêts que nous avons tirés hors ligne, on trouvera 43 f. 95 c.

Le dernier paiement, effectué au 1er novembre, doit donc être de 130 f. + 43 f. 95 c. ou 173 f. 95 c.

Si, au lieu de calculer les intérêts simples, comme nous l'avons fait, le prêteur exigeait que l'on calculât les intérêts composés, comme il sera dit au n° 776, le dernier paiement serait d'environ 175 f.

QUESTIONS SUR LES RENTES.

537. Posez cette proportion
5f. (taux de la rente) : 96f. (cours de la rente) :: 150f. (rente achetée) : x (prix d'achat);
d'où l'on tire
$$x = \frac{96\text{f.} \times 150}{5} = 2880\text{f.}$$

538. Posez cette proportion
100f. (cours de la rente) : 5f. (taux de la rente) :: 1600f. (prix d'achat) : x (rente achetée);
d'où l'on tire
$$x = \frac{1600\text{f.} \times 5}{100} = 80\text{f.}$$

539. Posez cette proportion
3f. (taux de la rente) : 75f. 45c. (cours de la rente) :: 100f. (rente achetée) : x (prix d'achat);
d'où l'on tire
$$x = \frac{75\text{f. }45\text{c.} \times 100}{3} = 2515\text{f.}$$

540. Posez cette proportion
75f. (cours de la rente) : 3f. (taux de la rente) :: 3500f. (prix d'achat) : x (rente achetée);

d'où l'on tire

$$x = \frac{3500\text{ f.} \times 3}{75} = 140\text{ f.}$$

541. Posez les deux proportions

$$5\text{ f.} : 89\text{ f. } 60\text{ c.} :: 150\text{ f.} : x$$

$$\text{et } 5\text{ f.} : 91\text{ f. } 10\text{ c.} :: 150\text{ f.} : x,$$

qui donnent respectivement

$$x = \frac{89\text{ f. } 60\text{ c.} \times 150}{5} = 2688\text{ f.}$$

$$\text{et } x = \frac{91\text{ f. } 10\text{ c.} \times 150}{5} = 2733\text{ f.}$$

La différence entre ces deux valeurs, ou 45 f., est le gain demandé.

542. Posez les deux proportions

$$3\text{ f.} : 73\text{ f. } 50\text{ c.} :: 120\text{ f.} : x$$

$$\text{et } 3\text{ f.} : 72\text{ f.} :: 120\text{ f.} : x,$$

qui donnent respectivement

$$x = \frac{73\text{ f. } 50\text{ c.} \times 120}{3} = 2940\text{ f.}$$

$$\text{et } x = \frac{72\text{ f.} \times 120}{3} = 2880\text{ f.}$$

La différence entre ces deux valeurs, ou 60 f., est la perte demandée.

543. Posez cette proportion

250 f. (rente achetée) : 5125 f. (prix d'achat) :: 5 f. (taux de la rente) : x (cours de la rente);

d'où l'on tire

$$x = \frac{5125\text{f.} \times 5}{250} = 102\text{f. } 50\text{c.}$$

544. Posez cette proportion

150 f. (rente achetée) : 3572 f. (prix d'achat)
:: 3 f. (taux de la rente) : x (cours de la rente);
d'où l'on tire

$$x = \frac{3572\text{f.} \times 3}{150} = 71\text{ f. } 44\text{c.}$$

545. Le taux de la rente peut être considéré comme l'intérêt que rapporte une somme égale au cours de la rente. On peut donc poser cette proportion

87 f. 72 c. de capital : 5 f. d'intérêt
:: 100 f. de capital : x (l'intérêt cherché).

On tire de là

$$x = \frac{5\text{ f.} \times 100}{87\text{ f. } 72\text{ c.}} = 5\text{ f. } 69\text{ c. ou } 5\ \frac{7}{10}$$

546. Posez la proportion

69 f. 23 c. de capital : 3 f. d'intérêt
:: 100 f. de capital : x (l'intérêt cherché).

On tire de là

$$x = \frac{3\text{ f.} \times 100}{69\text{ f. } 23\text{ c.}} = 4\text{ f. } 33\text{ c. ou } 4\ \frac{1}{3}$$

547. Cherchez à quel taux réel l'argent sera placé en achetant de la rente. Pour cela posez la proportion

90 f. 15 c. : 5 f. :: 100 f. : x (l'intérêt cherché).

On tire de là

$$x = \frac{5\text{ f.} \times 100}{90\text{ f. } 15\text{ c.}} = 5\text{ f. } 54\text{ c.}$$

C'est plus de $5\frac{1}{2}$ p. 100 : il vaut donc mieux acheter de la rente.

548. Cherchez à quel taux réel l'argent sera placé en achetant de la rente. Pour cela posez la proportion

59 f. 75 c. : 3 f. :: 100 f. : x (l'intérêt cherché).

On tire de là

$$x = \frac{3\text{ f.} \times 100}{59\text{ f. } 75\text{ c.}} = 5\text{ f. } 2\text{ c.}$$

C'est un peu plus de 5 p. 100. Il vaut donc mieux acheter de la rente.

549. Chaque taux de rente étant l'intérêt d'une somme égale au cours correspondant, on peut poser la proportion

5 f. (d'intérêt) : 95 f. 50 c. :: 3 f. (d'intérêt) : x,
c'est le cours de la rente cherché.

On tire de là

$$x = \frac{95\text{ f. } 50\text{ c.} \times 3}{5} = 57\text{ f. } 30\text{ c.}$$

550. Posez la proportion

3 f. : 61 f. 15 c. :: 5 f. : x,

d'où

$$x = \frac{61\text{ f. } 15\text{ c.} \times 5}{3} = 101\text{ f. } 92\text{ c.}$$

551. Cherchez le cours de la rente 3 p. 100 correspondant au cours donné de la rente 5 p. 100. Pour cela posez la proportion

$$5\text{f.} : 97\text{f. }50\text{c.} :: 3\text{f.} : x,$$

d'où l'on tire

$$x = \frac{97\text{f. }50\text{c.} \times 3}{5} = 58\text{f. }50\text{c.}$$

Le cours du 3 p. 100 est donc plus élevé puisqu'il est à 58 f. 60 c.

552. La hausse du 5 p. 100 étant de 0 f. 60 c., la hausse proportionnelle du 3 p. 100 sera donnée par le 4e terme de la proportion

$$97\text{f. }55\text{c.} : 0\text{f. }60\text{c.} :: 58\text{f. }50\text{c.} : x \text{ (la hausse cherchée)},$$

d'où l'on tire

$$x = \frac{0\text{f. }60\text{c.} \times 58\text{f. }50\text{c.}}{97\text{f. }55\text{c.}} = 0\text{f. }36\text{c.}$$

Le cours du 3 p. 100 devra donc s'élever à 58 f. 86 c.

553. La baisse doit être également proportionnelle au taux de la rente. On peut donc poser la proportion

$$3\text{f. (de taux)} : 1\text{f. }20\text{c. (de baisse)} :: 5\text{f. (de taux)} : x \text{ (la baisse cherchée).}$$

On tire de là

$$x = \frac{1\text{f. }20\text{c.} \times 5}{3} = 2\text{f.}$$

554. Le *pair* étant proportionnel au taux de la rente, les nombres cherchés seront donnés par le 4e terme des proportions

$5 \text{f.} : 100 \text{f.} :: 4\frac{1}{2} : x$ et $5 \text{f.} : 100 \text{f.} :: 3 : x$,

qui donnent respectivement

$$x = 90 \text{f.} \quad \text{et} \quad x = 60 \text{f.}$$

555. Le cours de la rente étant proportionnel au taux, les nombres cherchés seront donnés par le 4e terme des proportions

$$5 \text{f.} : 105 \text{f.} :: 4\frac{1}{2} : x, \quad \text{d'où } x = 94 \text{f. } 50 \text{c.}$$

$$5 \text{f.} : 105 \text{f.} :: 4 : x, \quad \text{d'où } x = 84 \text{f.}$$

$$5 \text{f.} : 105 \text{f.} :: 3 : x, \quad \text{d'où } x = 63 \text{f.}$$

QUESTIONS SUR LES ESCOMPTES.

556. Si l'escompte est en dehors, posez la proportion

100 f. : 5 f. d'escompte :: 3560 f. : x (l'escompte cherché),

d'où l'on tire

$$x = \frac{3560 \text{f.} \times 5}{100} = 178 \text{f.}$$

Si l'escompte est en dedans, posez la proportion

105 f. : 5 f. d'escompte :: 3560 f. : x (l'escompte cherché),

d'où l'on tire

$$x = \frac{3560\text{f.} \times 5}{105} = 169\text{f. } 52\text{c.}$$

557. Une somme de 100 f., escomptée de cette manière, se réduirait à 100 f. — 6 f. ou 94 f. On peut donc poser la proportion

$$100\text{f.} : 94\text{f.} :: 5680\text{f.} : x,$$

d'où l'on tire

$$x = \frac{5680\text{f.} \times 94}{100} = 5339\text{f. } 20\text{c.}$$

558. Une somme de 106 f., escomptée de cette manière, se réduirait à 100 f. On peut donc poser la proportion

$$106\text{f.} : 100\text{f.} :: 4780\text{f.} : x,$$

d'où l'on tire

$$x = \frac{4780\text{f.} \times 100}{106} = 4509\text{f. } 42\text{c.}$$

559. Le taux de 5 p. 100 par an revient à $2\frac{1}{2}$ p. 100 pour 6 mois. On peut donc poser cette proportion

$$100\text{f.} : 2\frac{1}{2}\text{f.} :: 560\text{f.} : x,$$

d'où $x = 14\text{f.}$

560. 6 p. 100 par an font $\frac{1}{2}$ p. 100 par mois, et par conséquent $\frac{9}{2}$ p. 100 pour 9 mois. L'escompte

étant pris en dedans, c'est-à-dire la somme 486 f. représentant le capital plus l'escompte, posez la proportion

$$100 + \frac{9}{2} : \frac{9}{2} :: 486\text{ f.} : x,$$

ou, en multipliant les deux termes du premier rapport par 2,

$$209 : 9 :: 486\text{ f.} : x,$$

d'où

$$x = \frac{486\text{ f.} \times 9}{209} = 20\text{ f. } 92\text{ c.}$$

561. 7 p. 100 par an font $\frac{7}{12}$ par mois, et par conséquent 7 fois $\frac{7}{12}$ ou $\frac{49}{12}$ pour 7 mois. L'escompte étant pris en dehors, posez la proportion

$$100 : \frac{49}{12} :: 256\text{ f. } 50\text{ c.} : x,$$

d'où l'on tire

$$x = \frac{256\text{ f. } 50\text{ c.} \times 49}{12 \times 100} = 10\text{ f. } 47\text{ c.}$$

562. 4 p. 100 par an font $\frac{4}{360}$ par jour, et par conséquent 45 fois $\frac{4}{360}$ ou $\frac{180}{360}$ ou $\frac{1}{2}$ pour 45 jours. L'escompte étant pris en dedans, il faudra poser

$$100 + \frac{1}{2} : \frac{1}{2} :: 350\text{ f. } 60\text{ c.} : x$$

ou

$$201 : 1 :: 350\text{ f. } 60\text{ c.} : x,$$

d'où l'on tire

$$x = \frac{350\text{f. } 60\text{c.}}{201} = 1\text{f. } 74\text{c.}$$

563. Posez la proportion

100f.—6 f. ou 94 f.(capit.escomp.) : 100f.(capit.prim.) : : 580 f. 50 c. : x,

d'où l'on tire

$$x = \frac{580\text{f. } 50\text{c.} \times 100}{94} = 617\text{f. } 55\text{c.}$$

564. $5\frac{1}{2}$ ou $\frac{11}{2}$ p. 100 par an font $\frac{11}{2 \times 12}$ ou $\frac{11}{24}$ par mois, et par conséquent 7 fois $\frac{11}{24}$ ou $\frac{77}{24}$ pour 7 mois. L'escompte étant pris en dedans, il faudra poser

100f.(capit.escomp.) : $\left(100\text{f.} + \frac{77}{24}\right)$ (capit.primitif) : : 715 f. 75 c. : x,

d'où l'on tire

$$x = \frac{715\text{f. } 75\text{c.} \times \left(100 + \frac{77}{24}\right)}{100} = \frac{715\text{f. } 75\text{c.} \times 2477}{2400}$$

$$= 738\text{f. } 71\text{c.}$$

565. L'escompte étant pris en dehors, la différence entre le capital primitif et le capital escompté, savoir, 285 f. — 267 f. 90 c. ou 17 f. 10 c., exprime l'intérêt de 285 f. pour un an. On aura donc le taux en posant la proportion

285 f. de capital : 17 f. 10 c. d'intérêt
:: 100 f. : x (le taux cherché).

On tire de là

$$x = \frac{17\text{ f. } 10\text{ c.} \times 100}{285} = 6\text{ f. p. }100$$

566. L'escompte étant pris en dedans, la différence entre le capital primitif et le capital escompté, savoir, 129 f. 19 c., exprime l'intérêt pour un an du capital escompté, ou 2870 f. 81 c. On aura donc le taux cherché en posant la proportion

2870 f. 81 c. (capital réduit) : 129 f. 19 c. d'intérêt
:: 100 f. : x,

d'où l'on tire

$$x = \frac{129\text{ f. } 19\text{ c.} \times 100}{2870\text{ f. } 81\text{ c.}} = 4\text{ f. } 50\text{ c.}$$

ou $4\frac{1}{2}$ p. 100

567. L'escompte étant pris en dehors, la différence des deux sommes exprime l'intérêt de la plus grande pour 5 mois. Cette différence étant 42 f. 71 c., on aura le taux pour 5 mois en posant la proportion

2050 f. : 42 f. 71 c. :: 100 : x,

d'où l'on tire

$$x = \frac{42\text{ f. } 71\text{ c.} \times 100}{2050} = 2\text{ f.},083$$

Cette valeur étant le taux pour 5 mois, le taux pour 1 mois en sera le 5e ou 0 f.,416; le taux pour 12 mois ou 1 an sera 12 fois 0 f.,416 ou 4 f. 99 c. ou 5 f. p. 100.

568. Le montant du billet se composera des 2200 f. plus l'escompte de cette somme pour 1 an à 5 p. 100. Or, cet escompte sera donné par le 4e terme de la proportion

$$100 : 5 :: 2200 : x,$$

d'où

$$x = \frac{2200 \times 5}{100} \quad \text{ou} \quad x = 110$$

Le montant du billet devra donc être

2200 f. + 110 f. ou 2310 f.

569. Pour avoir cette valeur il faut retrancher du capital 1000 f. son escompte pris en dedans à 6 p. 100 par an. Or, cet escompte sera donné par le 4e terme de la proportion

$$106 : 6 :: 1000\text{ f.} : x,$$

d'où

$$x = \frac{6000\text{ f.}}{106} = 56\text{ f. } 60\text{ c.}$$

La valeur du billet sera donc

1000 f. — 56 f. 60 c. ou 943 f. 40 c.

570. L'intérêt à 5 p. 100 par an revient à $\frac{5}{12}$ par mois et à 9 fois $\frac{5}{12}$ ou $\frac{45}{12}$ pour 9 mois. Il faut donc ajouter au capital 350 f., son intérêt à raison de $\frac{45}{12}$ p. 100 : or, cet intérêt sera donné par le 4e terme de la proportion

$$100 : \frac{45}{12} :: 350\text{f.} : x,$$

d'où

$$x = \frac{350\text{ f.} \times \frac{45}{12}}{100} \quad \text{ou} \quad x = 13\text{ f. } 13\text{ c.}$$

Le montant du billet sera donc

$$350\text{f.} + 13\text{f. } 13\text{c.} \quad \text{ou} \quad 363\text{f. } 13\text{c.}$$

571. 6 pour 100 par an font $1\frac{1}{2}$ pour 3 mois. L'escompte devant être pris en dedans (n° 569), posez la proportion

$$100 + 1\frac{1}{2} : 100 :: 400\text{f.} : x,$$

d'où l'on tire

$$x = \frac{400\text{ f.} \times 100}{100 + 1\frac{1}{2}} = \frac{400\text{f.} \times 100 \times 2}{203}$$

$$= 394\text{ f. } 9\text{c.}$$

572. 5 pour 100 par an font $\frac{5}{360}$ par jour, et par conséquent 45 fois $\frac{5}{360}$ ou $\frac{225}{360}$ pour 45 jours. L'escompte devant être pris en dedans, posez la proportion

$$100 + \frac{225}{360} : 100 :: 520\text{f.} : x,$$

d'où l'on tire

$$x = \frac{520\text{ f.} \times 100}{100 + \frac{225}{360}} = \frac{520\text{ f.} \times 100}{100 + \frac{5}{8}} = \frac{520\text{ f.} \times 800}{805}$$

ou enfin $x = 516\text{ f. }77\text{ c.}$

573. Du 15 juillet au 1er octobre il faut compter 75 jours; l'intérêt, étant à 6 p. 100 par an, est à $\frac{6}{360}$ par jour, et par conséquent à $\frac{75 \times 6}{360}$ ou $\frac{5}{4}$ pour 75 jours. L'escompte devant être pris en dedans, posez la proportion

$$100 + \frac{5}{4} : 100 :: 720\text{ f.} : x,$$

d'où l'on tire

$$x = \frac{720\text{ f.} \times 100}{100 + \frac{5}{4}} = \frac{720\text{ f.} \times 400}{405} = 711\text{ f. }11\text{ c.}$$

574. 6 pour 100 par an font $\frac{6}{360}$ ou $\frac{1}{60}$ par jour.

Or, 1° du 15 mars au 1er janvier suivant comptez 285 jours. On aura donc la proportion

$$100 + \frac{285}{60} : 100 :: 500\text{ f.} : x,$$

d'où l'on tire

$$x = \frac{500\text{ f.} \times 100}{100 + \frac{285}{60}} = \frac{500\text{ f.} \times 6000}{6285}$$

ou enfin $x = 477\text{ f. } 33\text{ c.}$

2° Du 10 juillet au 1er janvier suivant comptez 170 jours. On aura donc la proportion

$$100 + \frac{170}{60} : 100 :: 500\text{ f.} : x,$$

d'où l'on tire

$$x = \frac{500\text{ f.} \times 100}{100 + \frac{170}{60}} = \frac{500\text{ f.} \times 6000}{6170} = 486\text{ f. } 22\text{ c.}$$

3° Du 30 septembre au 1er janvier suivant comptez 90 jours. On aura donc la proportion

$$100 + \frac{90}{60} : 100 :: 500\text{ f.} : x,$$

d'où l'on tire

$$x = \frac{500\text{ f.} \times 100}{100 + \frac{90}{60}} = \frac{500\text{ f.} \times 600}{609} = 492\text{ f. } 61\text{ c.}$$

375. Supposons que le montant de chaque billet soit connu, et désignons-le par la lettre a. L'intérêt, étant de 6 pour 100 par an, revient à $\frac{1}{2}$ pour 100 par mois, ou à $\frac{3}{2}$ pour 3 mois, $\frac{6}{2}$ pour 6 mois, $\frac{9}{2}$ pour 9 mois. Si l'on escompte la somme a en dedans, pour chacune de ces trois échéances on aura successivement

$$100 + \frac{3}{2} : 100 :: a : x,$$

d'où
$$x = \frac{100 \times a}{100 + \frac{3}{2}} = \frac{200 \times a}{203}$$

$$100 + \frac{6}{2} : 100 :: a : x',$$

d'où
$$x' = \frac{100 \times a}{100 + \frac{6}{2}} = \frac{200 \times a}{206}$$

$$100 + \frac{9}{2} : 100 :: a : x'',$$

d'où
$$x'' = \frac{100 \times a}{100 + \frac{9}{2}} = \frac{200 \times a}{209}$$

Mais la somme des billets escomptés x, x', x'', doit être égale à 1000 f. On aura donc l'égalité

$$\frac{200 \times a}{203} + \frac{200 \times a}{206} + \frac{200 \times a}{209} = 1000 \text{ f.}$$

ou
$$200 \times a \left(\frac{1}{203} + \frac{1}{206} + \frac{1}{209}\right) = 1000 \text{ f.}$$

On tire de là

$$a = \frac{5\text{ f.}}{\frac{1}{203} + \frac{1}{206} + \frac{1}{209}} = \frac{436998100\text{ f.}}{127299}$$

ou $$a = 343\text{ f. } 28\text{ c.}$$

876. Opérez comme dans la question précédente. L'escompte, étant $4\frac{1}{2}$ ou $\frac{9}{2}$ pour 100 par an, revient à $\frac{9}{24}$ ou $\frac{3}{8}$ par mois, et par conséquent à $\frac{12}{8}$ pour 4 mois et à $\frac{21}{8}$ pour 7 mois. Si l'on escompte le montant inconnu a de chaque billet pour ces deux échéances, on aura

$$100 + \frac{12}{8} : 100 :: a : x,$$

d'où $$x = \frac{100 \times a}{100 + \frac{12}{8}} = \frac{800 \times a}{812}$$

$$100 + \frac{21}{8} : 100 :: a : x',$$

d'où $$x' = \frac{100 \times a}{100 + \frac{21}{8}} = \frac{800 \times a}{821}$$

Mais la somme des billets escomptés x et x' doit être 1200 f.

On aura donc l'égalité

$$\frac{800 \times a}{812} + \frac{800 \times a}{821} = 1200 \text{ f.}$$

ou $\quad 800 \times a \left(\frac{1}{812} + \frac{1}{821}\right) = 1200 \text{ f.};$

d'où l'on tire

$$a = \frac{12 \text{ f.}}{8\left(\frac{1}{812} + \frac{1}{821}\right)} = \frac{7999824 \text{ f.}}{13064} = 612 \text{ f. } 36 \text{ c.}$$

877. Cherchez la valeur réelle du billet de 600 f. : pour cela, comme l'intérêt à 6 p. 100 par an revient à $1\frac{1}{2}$ ou $\frac{3}{2}$ pour 3 mois, posez la proportion

$$100 + \frac{3}{2} : 100 :: 600 \text{ f.} : x,$$

d'où l'on tire

$$x = \frac{600 \text{ f.} \times 100}{100 + \frac{3}{2}} = \frac{600 \text{ f.} \times 200}{203} = 591 \text{ f. } 13 \text{ c.}$$

La somme à payer avec ce billet étant 500 »
on voit que l'on doit recevoir en retour 91 f. 13 c.

878. Cherchez la valeur réelle du billet. L'escompte, étant à 6 pour 100 par an, revient à $\frac{6}{360}$ ou $\frac{1}{60}$ par jour, et par conséquent à $\frac{50}{60}$ ou $\frac{5}{6}$ pour 50 jours.

On aura donc la proportion

$$100 + \frac{5}{6} : 100 :: 350\text{ f.} : x,$$

d'où l'on tire

$$x = \frac{350\text{ f.} \times 100}{100 + \frac{5}{6}} = \frac{350\text{ f.} \times 600}{605} = 347\text{ f. } 11\text{ c.}$$

La somme à payer avec ce billet étant 400 f., la différence, 52 f. 89 c., est ce qu'il faut ajouter.

579. Calculer la valeur réelle des deux billets. L'escompte étant de $\frac{1}{2}$ pour 100 par mois, et par conséquent de $\frac{5}{2}$ pour 5 mois et de $\frac{15}{2}$ pour 15 mois, posez les deux proportions

$$100 + \frac{5}{2} : 100 :: 380\text{f.} : x$$

et

$$100 + \frac{15}{2} : 100 :: 400\text{f.} : x$$

On en tire respectivement

$$x = \frac{380\text{f.} \times 100}{100 + \frac{5}{2}} \quad \text{et} \quad x = \frac{400\text{ f.} \times 100}{100 + \frac{15}{2}}$$

ou

$$x = \frac{380\text{ f.} \times 200}{205} \quad \text{et} \quad x = \frac{400\text{ f.} \times 200}{215}.$$

ou enfin

$$x = 370\text{ f. } 73\text{ c.} \quad \text{et} \quad x = 372\text{ f. } 9\text{ c.}$$

On voit donc que la valeur du deuxième billet surpasse la valeur du premier de 1 f. 36 c.

580. Appelons a l'escompte inconnu. Pour 1 mois l'escompte serait $\frac{a}{12}$, pour 5 mois $\frac{5\,a}{12}$, et pour 15 mois $\frac{15\,a}{12}$. En escomptant les deux billets à ces époques respectives, on aura donc les proportions

$$100 + \frac{5\,a}{12} : 100 :: 380\text{ f.} : x,$$

d'où
$$x = \frac{380\text{ f.} \times 100}{100 + \frac{5\,a}{12}};$$

et
$$100 + \frac{15\,a}{12} : 100 :: 400\text{ f.} : x',$$

d'où
$$x' = \frac{400\text{ f.} \times 100}{100 + \frac{15\,a}{12}}$$

Mais, d'après l'énoncé de la question, ces valeurs de x et x' doivent être égales. On aura donc

$$\frac{380\text{ f.} \times 100}{100 + \frac{5\,a}{12}} = \frac{400\text{ f.} \times 100}{100 + \frac{15\,a}{12}}$$

ou $380\text{ f.}\ (1200 + 15\ a) = 400\text{ f.}\ (1200 + 5\ a)$

ou

$$38 \times 15\,a - 40 \times 5\,a = (40 - 38) \times 1200$$

ou

$$370\,a = 2400,$$

d'où

$$a = \frac{240}{37} = 6\,\frac{18}{37}$$

581. Prenez en dehors un escompte de $2\,\frac{1}{2}$ pour 100. La proportion

$$100 : 2\,\frac{1}{2} :: 1250\text{f.} : x$$

donne

$$x = \frac{1250\text{f.} \times 2\,\frac{1}{2}}{100} = \frac{1250\text{ f.} \times 5}{200} = 31\text{ f. } 25\text{ c.}$$

582. La somme cherchée est telle, qu'en l'escomptant en dedans à 8 pour 100, elle doit se réduire à 8 f. 25 c. On peut donc poser la proportion.

$$100 : 108 :: 8\text{f. } 25\text{c.} : x,$$

d'où

$$x = \frac{8\text{ f. } 25\text{ c.} \times 108}{100} \quad \text{ou} \quad x = 8\text{ f. } 91\text{ c.}$$

583. Prenez $6\,\frac{1}{2}$ pour 100 d'escompte en dehors. Pour cela posez la proportion

$$100 : 100 - 6\,\frac{1}{2} :: 520\text{ f.} : x,$$

d'où l'on tire

$$x = \frac{520\text{ f.} \times 93\text{ f. }50\text{ c.}}{100} = 486\text{ f. } 20\text{ c.}$$

584. Posez la proportion

$$100 : 12 :: 136^{\text{kil}} : x,$$

d'où l'on tire

$$x = \frac{136^{\text{k}} \times 12}{100} = 16^{\text{k}},32$$

585. Le prix total est 75 fois $2^{\text{fr}},45$, ou $183^{\text{fr}},75$. L'emballage pesant 14^{kil}, la marchandise ne pèse de fait que $75^{\text{kil}} - 14^{\text{kil}}$, ou 61^{kil}. En divisant $183^{\text{fr}},75$ par 61, on aura donc le prix de 1 kilogramme. On trouve ainsi $3^{\text{fr}},01$. Pour savoir à quel prix il faut le vendre pour gagner 12 pour 100, faites la proportion

$$100 : 112 :: 3^{\text{fr}},01 : x,$$

d'où l'on tire

$$x = \frac{3^{\text{fr}},01 \times 112}{100} = 3^{\text{fr}},37$$

586. Le poids brut étant 285 kilogrammes, on en rabattra 4 pour 100 en posant la proportion

$$100 : 100 - 4 :: 285^{\text{kil}} : x,$$

d'où l'on tire

$$x = \frac{285^{\text{kil}} \times 96}{100} = 273^{\text{kil}},60$$

Si l'on multiplie $5^{\text{fr}},60$ par ce nombre, on aura pour produit $1532^{\text{fr}},16$.

887. Supposons, ce qui est indifférent, que la remise soit faite sur le poids :

Une remise de 6 pour 100 sur 100 kilogrammes est de 6^{kil}

Une remise de 7 pour 100 sur 80 kilogrammes sera donnée par le 4e terme de la proportion

$$100 : 7 :: 80^{kil} : x,$$

d'où $x = 5,60$

Une remise de 10 pour 100 sur 250 kilogrammes est un dixième du poids ou 25

La remise totale est donc de $36^{kil},60$

Or elle est faite sur un poids total de $100 + 80 + 250$ ou 430 kilogrammes. Pour avoir le taux de la remise totale, posez la proportion

$$430^{kil} : 36^{kil},60 :: 100 : x,$$

d'où

$$x = \frac{36^{kil},60 \times 100}{430} \quad \text{ou} \quad x = 8 \text{ et } \frac{22}{43}$$

888. Le 1er acquéreur a payé 100^{fr}

Le 2e, ayant rabattu 6 pour 100, a payé 94

Le 3e, ayant rabattu 5 pour 100 sur le prix payé par le 2e, a donné une somme marquée par le 4e terme de la poportion

$$100 : 95 :: 94 : x,$$

d'où $x = 89,30$

Le 4e, ayant rabattu 3 pour 100 sur le prix payé par le 3e, a donné une somme marquée par le 4e terme de la proportion

$$100 : 97 :: 89^{fr},30 : x,$$

d'où $x = 86,62$

Le 5e, ayant rabattu 1 pour 100 sur cette somme, a donné un prix marqué par le 4e terme de la proportion

$$100 : 99 :: 86^{fr},62 : x,$$

d'où $$x = 85^{fr},75$$

QUESTIONS SUR LES ASSURANCES.

—

589. Posez la proportion

$$1000 : \frac{1}{2} :: 50000 \text{ f.} : x,$$

d'où l'on tire $$x = 25 \text{ f.}$$

590. Posez la proportion

$$\frac{1}{4} : 100 :: 50 : x,$$

d'où l'on tire

$$x = \frac{50 \times 100}{\frac{1}{4}} = 20000 \text{ f.}$$

591. Le taux des deux primes dépend des proportions

$$70000 \text{ f.} : 420 \text{ f.} :: 1000 : x$$

et $$50000 : 250 :: 1000 : x,$$

qui donnent respectivement

$x = 6$ (pour 1000) et $x = 5$ (pour 1000)

La première est donc plus forte que la seconde.

592. Posez la proportion

$$25000\text{f.} : 375\text{f.} :: 100 : x,$$

d'où l'on tire

$$x = \frac{375\text{ fr} \times 100}{25000} = 1\text{ f. }50\text{ c. ou } 1\frac{1}{2}\text{ pour }100$$

593. Pour avoir la prime, posez la proportion

$$100 : 6 :: 1200000\text{f.} : x,$$

d'où $x = \dfrac{1200000\text{f.} \times 6}{100} =$ 72000 f.

Les avaries montant à 25000

il reste aux assureurs 47000 f.

594. Les avaries montant à 41000 f.
la prime d'assurance est le 4e terme de la proportion

$$100 : 4 :: 800000\text{f.} : x,$$

d'où l'on tire

$x = \dfrac{800000\text{ f.} \times 4}{100} =$ 32000

La différence est la perte des assureurs 9000 f.

595. La prime d'assurance est donnée par la proportion

$$100 : 1\frac{1}{2} :: 2500\text{ f.} : x,$$

d'où

$$x = \frac{2500\text{ f.} \times \frac{3}{2}}{100} \text{ ou } x = \frac{2500\text{ f.} \times 3}{200} = 37\text{ f. } 50\text{ c.}$$

Le dommage n'étant que de 34 f., les assureurs gagnent 3 f. 50 c.

596. Pour obtenir les 3 primes d'assurance, posez les proportions

$100 : 1 :: 4400\text{ f.} : x,$	d'où $x =$	44 f.
$100 : 2 :: 6000 : x,$	$x =$	120
$100 : 3 :: 3200 : x,$	$x =$	96
Le total des primes est donc		260 f.

Les avaries se montant à la même somme, l'assuré et l'assureur sont quittes.

QUESTIONS DE SOCIÉTÉS.

597. La somme des avances étant 8000 f., pour avoir la part du premier associé posez la proportion

8000 f. avance totale : 5000 f. avance particulière :: 560 f. gain total : x, qui sera le gain particulier.

On tire de là

$$x = \frac{560\text{ f.} \times 5}{8} = 350\text{ f.}$$

On obtiendra la seconde part de la même manière' mais il est plus simple de prendre la différence

560 f. — 350 f. = 210 f.

598. La somme des mises est 5300 f. ; pour avoir le gain particulier de chaque associé, posez les proportions

mise tot.		mise partic.		gain tot.		gain partic.
5300 f.	:	1500 f.	: :	1228 f. 55 c.	:	x
5300	:	2000	: :	1228 55	:	x
5300	:	1800	: :	1228 55	:	x

Ces proportions donnent respectivement

$$x = \frac{1228 \text{ f. } 55 \text{ c.} \times 15}{53}, \quad x = \frac{1228 \text{ f. } 55 \text{ c.} \times 20}{53},$$

$$x = \frac{1228 \text{ f. } 55 \text{ c.} \times 18}{53},$$

ou

$x = 347$ f. 70 c., $x = 463$ f. 60 c., $x = 417$ f. 25 c.

La dernière part pourrait s'obtenir par une soustraction.

599. La mise totale étant de 2700 f. posez la proportion

2700 f. mise totale : 1500 f. mise particulière
: : 480 f. perte totale : x, qui sera la perte particul.

On tire de là

$$x = \frac{480 \text{ f.} \times 15}{27} \quad \text{ou} \quad x = 266 \text{ f. } 67 \text{ c.}$$

Si on retranche cette somme de la perte totale 480 f., on aura la seconde perte particulière. On trouve ainsi

213 f. 33 c.

600. La somme des bénéfices prélevés étant 460 f.
si on y ajoute la somme qui reste à partager, 517

le total sera la somme totale des bénéfices, ou 977 f.

Il revient à chaque associé la moitié de ce nombre,
ou 488 f. 50 c.
Le premier ayant déjà prélevé 320 »

il lui reste à toucher 168 f. 50 c.

Le second touchera donc

517 f. — 168 f. 50 c. ou 348 f. 50 c.

601. Pour connaître le fonds commun,
ajoutez aux 560 f.
qui restent, la somme déjà prélevée 120

le total sera 680 f.

Si l'on en retranche la dépense faite en commun 250

il restera 430 f.

La moitié de cette somme est la part de chacun 215

Mais le premier associé a déboursé 250 f. : il lui revient donc

215 f. + 250 f. ou 465 f.

Le second, au contraire, a prélevé 120 f. : il lui revient donc

215 f. — 120 f. ou 95 f.

602. Le fonds commun se compose des 2290 f.
qui restent à partager, plus la somme déjà prélevée 150

Total 2440 f.

La moitié de cette somme est la part de chacun ou 1220

Le gain de chacun est donc de 220 f.

Mais le premier associé, ayant prélevé 150 f., n'a plus à recevoir que

1220 f. — 150 f. ou 1070 f.

603. Le fonds commun se compose des 800 f. moins les 56 f. dépensés, c'est-à-dire 744 f., dont la moitié est 372 f. : la perte est donc de 500 f. — 372 f. ou 128 f.

Le second associé ayant déboursé 56 f., il lui revient 372 f. + 56 f., c'est-à-dire 428 f.

604. Le fonds commun se compose

1° de	549 f.
2° de la somme prélevée par le 1er associé	200
3° des sommes 50 f. + 75 f. prélevées par le 2e	125
4° de la somme 210 f. — 46 f. prélevée par le 3e	164
Total	1038 f.

Le tiers de cette somme est la part de chacun 346

Le 1er associé, ayant prélevé 200 f., n'a à recevoir que		146
le 2e	125	221
le 3e	164	182

605. Une somme de 5000 f. pendant 2 ans équivaut pour l'association à 2 fois 5000 f. pendant 1 an, c'est-à-dire 10000 f. : les mises sont donc 10000 f. et 3000 f., et l'on a la proportion

13000 f. (mise tot.) : 10000 f. (mise part.) :: 4500 f. : x.

On tire de là

$$x = \frac{4500\text{ f.} \times 10}{13} = 3461\text{ f. } 54\text{ c.}$$

En retranchant cette première part de 4500 f., on aura la seconde 1038 f. 46 c.

606. 3000 f. pendant 3 mois reviennent pour l'association à 3 fois 3000 f. pendant 1 mois, ou à 9000 f.
2500 f. pendant 5 mois reviennent à 5 fois 2500 f. pendant 1 mois, ou à 12500
3200 f. pendant 7 mois reviennent ainsi à 22400 pendant 1 mois.

La somme des mises est donc 43900 f.

On pourra donc poser les proportions

43900 f. : 9000 f. :: 2700 f. : x,
d'où $x = 553$ f. 53 c.
43900 f. : 12500 f. :: 2700 f. : x,
d'où $x = 768$ f. 79 c.
43900 f. : 22400 f. :: 2700 f. : x,
d'où $x = 1377$ f. 68 c.

La troisième part pourrait s'obtenir par une soustraction.

607. Soit 100 f. la mise de chacun ; l'intérêt, étant à 12 p. 100 par an, sera à 1 p. 100 par mois : les 4 mises, augmentées de l'intérêt correspondant au temps où elles sont restées dans le fonds commun, seront donc 104, 108, 112 et 115, et leur somme 439. On posera donc les proportions

439 : 104 :: 8050 f. : x, d'où x = 1907 f. 06 c.
439 : 108 :: 8050 : x, x = 1980 41
439 : 112 :: 8050 : x, x = 2053 76
439 : 115 :: 8050 : x, x = 2108 77

La somme des trois premières parts, retranchée de la somme à partager, donnerait pour reste la quatrième part.

608. Le partage doit être fait proportionnellement aux créances; or la somme des créances est 10500 f. On posera donc les proportions

10500 : 2600 :: 5800 f. : x,

d'où $$x = \frac{5800 \text{ f.} \times 26}{105} = 1436 \text{ f. } 19 \text{ c.}$$

10500 : 3900 :: 5800 f. : x,

d'où $$x = \frac{5800 \text{ f.} \times 39}{105} = 2154 \text{ f. } 28 \text{ c.}$$

10500 : 4000 :: 5800 f. : x,

d'où $$x = \frac{5800 \text{ f.} \times 40}{105} = 2209 \text{ f. } 53 \text{ c.}$$

On pourrait obtenir la troisième part en retranchant la somme des deux premières du nombre à partager.

609. Posez les proportions

$100 : 75 :: 5000 \text{ f.} : x,$

$$\text{d'où } x = \frac{5000 \text{ f.} \times 75}{100} = 3750 \text{ f. » c.}$$

$100 : 75 :: 7500 \text{ f.} : x,$

$$\text{d'où } x = \frac{7500 \text{ f.} \times 75}{100} = 5625 \text{ »}$$

$100 : 75 :: 10000 \text{ f.} : x,$

$$\text{d'où } x = \frac{10000 \text{ f.} \times 75}{100} = 7500 \text{ »}$$

$100 : 75 :: 8200 \text{ f.} : x,$

$$\text{d'où } x = \frac{8200 \text{ f.} \times 75}{100} = 6150 \text{ »}$$

$100 : 75 :: 3350 \text{ f.} : x,$

$$\text{d'où } x = \frac{3350 \text{ f.} \times 75}{100} = 2512 \quad 50$$

La somme totale distribuée aux créanciers sera	25537 f. 50 c.
La somme totale des créances étant	34050 »
la différence entre ces deux sommes,	8512 f. 50 c.

exprime la perte supportée par les créanciers.

610. Il y a eu en tout 7 + 9 ou 16 heures de travail. On peut donc poser la proportion

trav. tot.	trav. part.	bénéf. tot.	bénéf. part.
16 h. :	7 h. ::	146 f. :	x

On tire de là

$$x = \frac{146\,\text{f.} \times 7}{16} = 63\,\text{f.},875$$

En retranchant cette première part du bénéfice total 146 f., le reste 82 f.,125 sera la seconde part.

En négligeant les millièmes de franc, on peut adopter 63 f. 88 c. pour la première part et 82 f. 12 c. pour la seconde.

611. La première personne a travaillé 5 fois 7 heures ou 35 h.

La seconde a travaillé 4 fois 6 heures ou 24

La troisième a travaillé 8 fois 5 heures ou 40

La somme du temps employé au travail est donc 99 h.

On peut donc poser les proportions

99 h. : 35 h. :: 400 f. : x,

$$\text{d'où } x = \frac{400\,\text{f.} \times 35}{99} = 141\ \text{f.}\ 41\ \text{c.}$$

99 h. : 24 h. :: 400 f. : x,

$$\text{d'où } x = \frac{400\,\text{f.} \times 24}{99} = 96 \quad 97$$

99 h. : 40 h. :: 400 f. : x,

$$\text{d'où } x = \frac{400\,\text{f.} \times 40}{99} = 161 \quad 62$$

La troisième part pourrait se déduire des deux premières.

612. Le nombre total des hommes est 30. On a donc les proportions

30 : 6 :: 2456 f. : x,	d'où $x =$	491 f. 20 c.
30 : 10 :: 2456 : x,	$x =$	818 67
La somme de ces deux parts étant		1309 f. 87 c.
si on la retranche de 2456 f., le reste sera la troisième part.		1146 13

La proportion

$$30 : 14 :: 2456 : x$$

donnerait pour x le même résultat.

613. La somme des âges étant 66 ans, posez les proportions

$$66 : 26 :: 150000 \text{ f.} : x,$$

d'où $x = \dfrac{150000 \text{ f.} \times 26}{66}$ ou $x = 59090$ f. 91 c.

$$66 : 21 :: 150000 \text{ f.} : x,$$

d'où $x = \dfrac{150000 \text{ f.} \times 21}{66}$ ou $x = 47727$ f. 27 c.

$$66 : 19 :: 150000 \text{ f.} : x,$$

d'où $x = \dfrac{150000 \text{ f.} \times 19}{66}$ ou $x = 43181$ f. 82 c.

614. Le tiers de 87000 f. étant 29000 f. » c.
si l'on en prend $\frac{1}{2}$, $\frac{1}{3}$, $\frac{1}{7}$, on aura successivement :

pour un enfant de la 1re famille		14500	»
pour	2e	9666	67
pour	3e	4142	86

615. La première personne, ne devant avoir que la moitié de ce que doit avoir la seconde, n'aura donc que le tiers de la somme totale, ou 16 f. ; la seconde, par conséquent, aura 32 f.

616. La question revient à diviser la somme donnée en 6 parties : la 1re personne aura 1 partie ; la 2e, 2 parties, et la 3e, 3 parties.

Le 6e de 540 f. étant 90 f.

la 1re personne aura	90 f.
la 2e	180
la 3e	270

617. La somme des nombres 3 et 5 étant 8, l'une des parts doit être

les $\frac{3}{8}$ de 600 f. ou $\frac{3 \times 600 \text{ f.}}{8}$ ou 225 f.

la seconde part sera

les $\frac{5}{8}$ de 600 f. ou $\frac{5 \times 600 \text{ f.}}{8}$ ou 375

La 2e part peut se déduire également de la 1re.

618. La somme de ces nombres étant 9,

la 1re part sera $\frac{1}{9}$ de 486 f. ou 54 f.

la 2e part sera les $\frac{3}{9}$ de 486 f. ou 3 fois 54 f. ou 162

la 3e sera les $\frac{5}{9}$ de 486 f. ou 5 fois 54 f. ou 270

619. Les deux tiers de 150 f. sont 100 f.
les trois cinquièmes de la même somme sont 90
Pour donner à chaque personne ce qu'elle exige, il faudrait donc 100 f. + 90 f. ou 190 f. Ce nombre dépasse de 40 f. la somme à partager : si chaque personne consent à faire l'abandon de la moitié de cette différence, ou à perdre 20 f., la 1re aura 100 f. — 20 f. ou 80
et la 2e 90 — 20 ou 70

620. On aura l'impôt pour 1 f. en posant la proportion

520000 f. de revenu : 22880 f. d'impôt
:: 1 f. de revenu : x l'impôt cherché.

On tire de là

$$x = \frac{22880 \text{ f.}}{520000} = 0\text{f.},044$$

Si l'on multiplie cet impôt successivement par les nombres 2, 3, 4, etc., jusqu'à 9, on aura le tarif suivant :

Pour 1f.	0f.,044
2	0 ,088
3	0 ,132
4	0 ,176
5	0 ,220
6	0 ,264
7	0 ,308
8	0 ,352
9	0 ,396

621. La population totale des 3 cantons s'élevant à 82148 âmes, posez les proportions

Populat. totale.	Popul. partie.	Conting. total.	Cont. part.

$$82148 : 23400 :: 130 : x, \text{ d'où } = \frac{23400 \times 130}{82148} = 37.03$$

$$82148 : 32840 :: 130 : x, \quad = \frac{32840 \times 130}{82148} = 51,96$$

$$82148 : 25908 :: 130 : x, \quad = \frac{25908 \times 130}{82148} = 40,99$$

Si l'on prend les nombres entiers qui approchent le plus de ces fractions, on aura pour les contingents respectifs des 3 cantons 37 hommes, 52 hommes et 41 hommes, dont la somme fait bien 130 hommes.

622. La longueur donnée, réduite en lignes, est 351 l.; la somme des nombres 3, 4, 6, est 13. On peut donc poser les proportions

$$13 : 3 :: 351 \text{ l.} : x,$$

$$\text{d'où } x = \frac{351 \text{ l.} \times 3}{13} = 81 \text{ l.} = 6 \text{ p. } 9 \text{ l.}$$

$$13 : 4 :: 351 \text{ l.} : x,$$

$$\text{d'où } x = \frac{351 \text{ l.} \times 4}{13} = 108 \text{ l.} = 9 \text{ p.}$$

La troisième partie, devant être le double de la première, sera deux fois 6 p. 9 l. ou 1 P. 1 p. 6 l.

623. Appelons a la charge de l'enfant; la charge de la femme sera 3 fois a ou $3a$: la charge d'un homme sera donc 6 a; on aura donc en tout

$$a + 3a + 6a + 6a \quad \text{ou} \quad 16a$$

La charge de l'enfant sera donc la 16e partie du poids total, c'est-à-dire $\frac{240 \text{ kil.}}{16}$ ou 15 kil.

La charge de la femme sera 3 fois 15 kil. ou	45
La charge d'un homme sera	90
Celle du second homme sera également	90
La somme de ces diverses charges est bien	240 kil.

PROBLÈMES DIVERS.

624.

12 liv. à 80 c. la liv. font 12 fois 80 c. ou	9 f.	60 c.
Le marchand perd sur le total	6	40
Il l'avait donc payé	16 f.	» c.

En divisant ce nombre par 12, on saura combien il avait payé la livre. On trouve ainsi 1 f. 33 c.

625. Le prix réel de la bouteille de vin est 1 f. 40 c. — 0f.,25, ou bien 1 f. 15 c. En divisant 55 f. 20 c. par 1 f. 15 c., on aura le nombre de bouteilles achetées. On trouve ainsi 48 bouteilles.

626. Le prix réel est de 7 f. les 13 fagots, ou $\frac{7}{13}$ de franc chaque fagot, et par conséquent 95 fois $\frac{7}{13}$ de franc ou $\frac{7 \text{ f.} \times 95}{13}$ le monceau entier. En effectuant le calcul, on trouve 51 f. 15 c.

627. 164 fois 25 c. font 41 f.
Plus le prix d'achat 10

En tout 51 f.

En divisant cette somme par 120, on aura le prix de la livre. On trouve ainsi 0f.,425 ou 42 c. $\frac{1}{2}$

628. 35 fois 4 f. 25 c. font 148 f. 75 c. En divisant cette somme par 3 f. 10 c.; on aura pour quotient le nombre de kilogrammes de laine qu'elle représente. On trouve ainsi 47kil,98 ou 48kil.

629. On aura 1 livre de café et 1 livre de sucre pour 1 f. 85 c. + 1 f. 15 c. ou 3 f. Si donc on divise 100 f. par 3 f., on aura pour quotient le nombre de livres cherché. On trouve ainsi 33liv,33 ou 33liv $\frac{1}{3}$

630. Cherchez le prix réel de la vente et de l'achat.

6 p. 100 par an font 2 p. 100 pour 4 mois et 3 p. 100 pour 6 mois. On peut donc poser les proportions suivantes :

Pour la vente,

$100 + 3 : 100 :: 580 \text{ f.} : x,$

$$\text{d'où } x = \frac{580 \text{ f.} \times 100}{103} = 563 \text{ f. } 11 \text{ c.}$$

Pour l'achat,

$100 + 2 : 100 :: 560 \text{ f.} : x,$

$$\text{d'où } x = \frac{560 \text{ f.} \times 100}{102} = 549 \quad 2$$

La différence est le bénéfice cherché 14 f. 9 c.

631. 12 fois 15 f. font 180 f. ; ajoutez le bénéfice total de 60 f. que le marchand veut faire, vous aurez 240 f. pour le prix de la vente. Or le nombre des vases était de 12 fois 12 ou 144 ; 5 ont été cassés : il en reste donc 139 ; le prix de la vente d'un vase doit donc être $\frac{240 \text{ f.}}{139}$, et le prix de la douzaine doit être 12 fois cette fraction ou $\frac{240 \text{ f.} \times 12}{139}$ ou $\frac{2880 \text{ f.}}{139}$ ou enfin 20 f. 72 c.

632. L'acheteur a payé 100 fois 5 f. 60 c. ou 560 f. ; pour emprunter cette somme à 5 p. 100 par an, il a payé l'escompte en dehors, d'après la proportion

$100 : 105 :: 560 \text{ f.} : x,$

$$\text{d'où } x = \frac{560 \text{ f.} \times 105}{100} = 588 \text{ f.}$$

Les 100 kilogrammes lui coûtent donc de fait 588 f.

Pour calculer le prix de la vente avec un bénéfice de 8 p. 100, posez la proportion

$$100 : 108 :: 588 \text{ f.} : x,$$

$$\text{d'où } x = \frac{588 \text{ f.} \times 108}{100} = 635 \text{ f.}$$

Le prix du kilogramme sera donc $\frac{635 \text{ f.}}{100}$ ou 6 f. 35 c.

633. Une remise de 10 p. 100 équivaut à $\frac{1}{10}$; le dixième de 2400 f. est 240 f.; si l'on ajoute à cette somme le prix de la vente des caisses, 24 f., le total 264 f. sera la remise réelle sur la somme de 2400 f. On peut donc poser cette proportion

$$2400 \text{ f.} : 264 \text{ f.} :: 100 : x,$$

$$\text{d'où } x = \frac{264 \text{ f.} \times 100}{2400} = 11$$

La remise réelle est donc de 11 p. 100.

634. Il suffit d'élever de 10 p. 100 le prix de chaque marchandise. Pour cela posez les proportions

$$100 : 110 :: 4 \text{ f. } 30 \text{ c.} : x,$$

$$\text{d'où } x = \frac{4 \text{ f. } 30 \text{ c.} \times 110}{100} = 4 \text{ f. } 73 \text{ c.}$$

$$100 : 110 :: 5 \text{ f. } 15 \text{ c.} : x,$$

$$\text{d'où } x = \frac{5 \text{ f. } 15 \text{ c.} \times 110}{100} = 5 \text{ f. } 67 \text{ c.}$$

Il est indifférent que l'on revende plus ou moins de l'une que de l'autre.

635. C'est comme si l'on avait pris en dehors un escompte de $\frac{3}{4}$ p. 100, et que la somme diminuée de son escompte fût réduite à 1230 f. 70 c. On peut donc poser la proportion

$$100 - \frac{3}{4} : \frac{3}{4} :: 1230 \text{ f. } 70 \text{ c.} : x,$$

qui sera l'escompte ou la commission cherchée.

On tire de là

$$x = \frac{1230 \text{ f. } 70 \text{ c.} \times \frac{3}{4}}{100 - \frac{3}{4}} = \frac{1230 \text{ f. } 70 \text{ c.} \times 3}{397} = 9 \text{ f. } 30 \text{ c.}$$

Si l'on ajoute à ce nombre la somme 1230 70

le total sera le montant réel de la vente, ou 1240 f. » c.

636. Pour prendre 12 p. 100 sur le prix de la vente, posez la proportion

$$100 : 12 :: 1426 \text{ f.} : x,$$

$$\text{d'où } x = \frac{1426 \text{ f.} \times 12}{100} = 171 \text{ f. } 12 \text{ c.}$$

La dépense a été de 15 fois 6 f. ou 90 »

Il a donc gagné en 15 jours 81 f. 12 c.

et par jour $\frac{81 \text{ f. } 12 \text{ c.}}{15}$ ou 5f.,408 ou enfin 5 f. 41 c.

637. Il est facile de s'assurer, par 3 additions, que le marchand a vendu

129 l. de café	à 1 f. 35 c., ce qui fait	174 f.	15 c.
75 de sucre	à 1 10	82	50
et 28 de chandelles	à » 65	18	20
	Recette totale	274 f.	85 c.

638. Le temps réel employé à chaque sillon est 7 minutes ; 35 fois 7 minutes font 245 minutes ou 4 heures 5 minutes.

639. Il a 19 commissions à faire à 7 minutes chacune : il emploiera donc 19 fois

7 minutes ou 133 minutes ou	2h.	13m.
Plus pour se rendre à la ville	3	»
Dans la ville même	»	15
Pour en revenir	3	»
En tout	8h.	28m.
Or 4 h. $\frac{1}{2}$ de l'après-midi équivalent à 16 30 du matin.	16	30
Si on retranche le nombre supérieur du nombre inférieur, le reste sera l'heure demandée	8h.	2m.

640. L'aiguille des minutes parcourt le cadran en

entier pendant que celle des heures en parcourt un douzième : donc, si l'on appelle x le chemin parcouru par l'aiguille des minutes pour rencontrer l'aiguille des heures, le chemin parcouru dans le même temps par celle-ci sera un douzième de x ou $\frac{x}{12}$. Mais, puisque les deux aiguilles se rencontrent, le chemin parcouru par l'aiguille des minutes est égal au chemin parcouru par l'aiguille des heures, plus un tour de cadran ou 60 minutes. On a donc l'égalité

$$x = \frac{x}{12} + 60 \text{ m.},$$

d'où $12x = x + 720$ m. ou $11x = 720$ m.

ou $x = \frac{720 \text{ m.}}{11}$ ou enfin $x = 1$ h. 5 m. 27 s. et $\frac{3}{11}$

Il est évident que la seconde rencontre aura lieu au bout d'un temps égal, c'est-à-dire à

$$2 \text{ h. } 10 \text{ m. } 54 \text{ s. et } \frac{6}{11}$$

641. En ajoutant encore un temps égal, on aura pour l'heure de la 3e rencontre

$$3 \text{ h. } 16 \text{ m. } 21 \text{ s. et } \frac{9}{11}$$

Ce nombre exprime donc l'heure qu'il sera quand les aiguilles se rencontreront entre 3 et 4 heures.

642. La composition et la correction montent à 35 f. par feuille : cela fait donc pour les 35 feuilles

35 fois 35 f. ou 1225 f.

Les 1000 exemplaires emploieront 35000 feuilles : ce nombre, divisé par 500, donne pour quotient 70 rames ; le prix de la rame étant 12 f., le prix des 70 rames sera 70 fois 12 f. ou 840

1000 fois 50 c. de brochage font	500
1000 5 de couverture	50
Plus les menus frais	85
La dépense totale est donc de	2700 f.

Ce nombre divisé par 1000 est le prix coûtant du volume 2f. 70 c.
dont le double sera 5 40

643. Le poids total des cadres est 12 fois 5 livres ou 60 livres : le fer employé pèse donc

97 livres — 60 livres ou 37 livres.

37 fois 1 f. 75 c. font 64 f. 75 c.

644. A la première fois il reste dans le verre les $\frac{3}{4}$ du vin pur ; à la deuxième fois il reste les $\frac{2}{3}$ de ces $\frac{3}{4}$ ou $\frac{6}{12}$ ou $\frac{1}{2}$; à la troisième fois il ne reste que la moitié de $\frac{1}{2}$ ou $\frac{1}{4}$: on en a donc bu les $\frac{3}{4}$.

645. La valeur du mobilier, diminuée des frais de saisie, serait 7000 f. — 2000 f. ou 5000 f. On aura les 60 p. 100 de la dette par la proportion

$$100 : 60 :: 8600 \text{ f.} : x,$$

d'où l'on tire

$$x = \frac{8600 \text{ f.} \times 60}{100} = 5160 \text{ f.}$$

Le créancier gagnera donc 160 f. à accepter la proposition de son débiteur.

646. Il y aura en tout 12 ouvriers employés à confectionner les 120 objets : ils en feront donc 10 chacun. On en doit donc donner aux premiers 50 et aux seconds 70.

647. Si les premiers ouvriers font cet ouvrage en 15 fois 9 heures ou 135 heures, ils en feront en 1 heure $\frac{1}{135}$, et dans un nombre x d'heures ils feront x fois $\frac{1}{135}$ ou $\frac{x}{135}$ de cet ouvrage. Par la même raison, les seconds ouvriers feront dans le même temps x une fraction de cet ouvrage marquée par $\frac{x}{16 \text{ fois } 7}$ ou $\frac{x}{112}$. Dans ce même temps ils en feront donc ensemble une quantité marquée par la somme de ces deux fractions; et, pour que cette quantité équivaille à l'ouvrage même, pris pour unité, il faut qu'on ait

$$\frac{x}{135} + \frac{x}{112} = 1,$$

d'où $112x + 135x = 15120$ ou $x = \frac{15120}{247}$.

Le 7e de cette quantité sera le nombre d'heures qu'ils devront employer par jour; ce 7e est

$$\frac{15120}{247 \times 7} \text{ ou } \frac{15120}{1729} = 8 \text{ h. } 44 \text{ m.,}6 \text{ ou } 45 \text{ m.}$$

648. Le premier ouvrier ferait en 1 jour $\frac{1}{15}$ de cet ouvrage, et en x jours il en fera $\frac{x}{15}$; par la même raison, le second en fera $\frac{x}{12}$ dans le même temps; et, s'ils travaillent ensemble, ils en feront dans ce temps $\frac{x}{15}+\frac{x}{12}$. Pour que cette quantité soit égale à l'ouvrage même, pris pour unité, il faut qu'on ait

$$\frac{x}{15}+\frac{x}{12}=1,$$

d'où l'on tire

$$27x=180 \quad \text{et} \quad x=\frac{180}{27}=\frac{20}{3}=6 \text{ jours } \frac{2}{3}$$

649. En raisonnant comme dans la question précédente, on sera conduit à l'égalité

$$\frac{x}{15}+\frac{x}{16}=1,$$

d'où l'on tire successivement

$$31\,x=240, \quad x=\frac{240}{31}=7 \text{ jours } \frac{23}{31}$$

650. La première compagnie coûterait 7 fois 12 journées, ou 84 fois 5 f., c'est-à-dire 420 f.

La seconde compagnie coûterait 10 fois 8 journées, ou 80 fois 4 f., c'est-à-dire 320

En employant la seconde on gagnera donc 100 f.

651. En faisant l'ouvrage en 7 jours on ne paiera que 7 fois 6 f. ou 42 f.
mais il y aura un dommage de 2 fois 5 f. ou 10

Cette première manière coûtera donc en tout 52 f.

En faisant l'ouvrage en 5 jours on paiera 5 fois 9 f. ou 45

mais il n'y aura aucun dommage : on gagnera donc de cette manière 7 f.

652. Il aura à payer par jour

1°	20 fois 3 f.	50 c.	ou	70 f.	» c.
2°	10	2	50	ou	25	»
3°	6	»	75	ou	4	50
				En tout	99 f.	50 c.

Il aura donc à payer pour les 6 jours ouvrables 6 fois 99 f. 50 c. ou 597 f.

653. Les 7 verres gâtés vaudront

7 fois 75 c. ou 5 f. 25 c.

Sur 5 douzaines de verres ou 60 verres, 7 étant gâtés et 3 cassés, il en reste 50 en bon état, qui vaudront 50 fois 1 f. 35 c. ou 67 50

En tout 72 f. 75 c.

Si l'on retranche de cette somme 3 fois 50 c. ou 1 50

pour les 3 verres cassés, il restera à recevoir 71 f. 25 c.

654.

Il gagne 6 fois 4 f. 50 c. ou 27 f. » c.

S'il en économise le quart, ou 6 75

il a à dépenser par semaine 20 f. 25 c.

et par jour $\frac{20 \text{ f. } 25 \text{ c.}}{7}$ ou 2 89 et $\frac{2}{7}$ de c.

655. Elle vend la paire 56 sous

Une paire pèse $\frac{3}{8}$ de livre, $\frac{1}{8}$ de livre de laine coûte 4 sous : les $\frac{3}{8}$ de livre coûtent donc 12

Elle gagne donc par paire 44 sous

ou 22 sous par bas ; elle gagne donc en 6 jours 5 fois 22 sous ou 110 sous, et par jour le 6e de cette somme ou 18 sous 4 deniers.

656. Il a payé pour la 1re journée 5 ouvriers
pour la 2e 8
pour chacune des 3 autres 12 ouvriers, c'est-à-dire 3 fois 12 ou 36

En tout 49 ouvriers

Ils ont reçu 210 f. 70 c. : la journée d'un ouvrier est donc de $\frac{210 \text{ f. } 70 \text{ c.}}{49}$ ou 4 f. 30 c.

657. L'homme a travaillé 11 jours ; 11 fois 4 f. font 44 f.
La femme a travaillé 5 jours ; 5 fois 3 f. font 15
Chaque enfant a travaillé 2 jours, ce qui fait 4 journées d'enfant, c'est-à-dire 4 fois 75 c. ou 3

Il revient donc à la famille 62 f.

658. Les porteurs ont à recevoir

pour le 1er étage	4 fois	5 sous	ou	20 sous
pour le 2e	3	10	ou	30
pour le 3e	2	15	ou	30
pour le 4e	1	20	ou	20
			En tout	100 sous

Il revient donc à chacun des 4 porteurs 25

659. Posez la proportion

$$100 : 100 - 5 :: 9 \text{ f.} : x,$$

d'où l'on tire

$$x = \frac{9 \text{ f.} \times 95}{100} = 8 \text{ f. } 11 \text{ s.} = 171 \text{ sous}$$

Cette somme est le prix de 13 objets : le prix de 1 de ces objets est donc $\frac{171 \text{ sous}}{13}$ ou 13 sous $\frac{2}{13}$. Si l'on retranche ce prix du nombre 18 sous, le reste, 4 sous $\frac{11}{13}$, exprimera le gain du marchand sur chaque objet.

660. On a payé 40 f. 25 c. pour 5 aunes $\frac{3}{4}$ ou $\frac{23}{4}$ d'aunes : le quart d'aune vaut donc $\frac{40 \text{ f. } 25 \text{ c.}}{23}$ ou 1 f. 75 c., et par conséquent le huitième vaudra 0f.,875.

Le coupon ne contient que 4 aunes $\frac{7}{8}$ ou $\frac{39}{8}$ d'aunes, et ne doit coûter que 39 fois 0f.,875 ou 34 f. 12 c. : le marchand doit donc rendre

40 f. 25 c. — 34 f. 12 c. ou 6 f. 13 c.

661. Les 15 douzaines d'œufs à 7 sous font 15 fois 7 sous ou 105 sous
Les 2 douzaines vendues ont rapporté 2 fois 7 sous ou 14

Il reste donc à vendre pour 91 sous

Mais sur les 13 douzaines qui restent, $\frac{1}{2}$ douzaine a été cassée : il faut donc vendre 91 sous les 12 douzaines $\frac{1}{2}$ restantes, ce qui revient à vendre la douzaine $\dfrac{91 \text{ sous}}{12\frac{1}{2}}$ ou $\dfrac{182 \text{ sous}}{25}$ ou enfin 7 sous 28 centièm.

662. 2 livres de sucre et 1 livre de café coûtent ensemble 3 f. 60 c. ; si l'on divise 9 f. par 3 f. 60 c., le quotient exprimera le nombre de livres de café qui ont été consommées, et en le doublant on aura le nombre de livres de sucre correspondant. On trouve

$$\frac{9 \text{ f.}}{3 \text{ f. } 60 \text{ c.}} = \frac{90}{36} = 2 \text{ livres } \frac{1}{2}$$

dont le double est 5 livres.

663. 24 fois 2 f. 50 c. font 60 f., et 5 fois 15 f. font 75 f. : le paysan doit donc payer 15 f. en sus.

664. Si l'on appelle x le nombre de pièces de 5 f. données par l'acheteur, et y le nombre de pièces de 2 f. rendues par le marchand, on aura cette égalité

$$5x - 2y = 29 \text{ f.},$$

d'où l'on tire $$x = \frac{29 \text{ f.} + 2y}{5}$$

La question se réduit donc à trouver un nombre pair qui, ajouté à 29, donne une somme divisible par 5.

En essayant successivement pour y les valeurs 1, 2, 3, etc., on trouve que 3 satisfait à la condition ci-dessus : car 29 + 2 fois 3 ou 35 est divisible par 5 et donne pour quotient 7, c'est la valeur de x correspondante à la valeur 3 choisie pour y. En effet,

7 fois 5 f. — 3 fois 2 f. = 29 f.

Il est facile de voir que les valeurs 8, 13, 18, 23, etc., prises pour y, satisferaient également à la question, et donneraient pour x les valeurs correspondantes 9, 11, 13, 15, etc.

665. La somme des nombres 15 f. 60 c. + 11 f. 40 c. étant 27 f., il s'agit de faire un nouveau partage de cette somme, tel que la 2e part surpasse la 1re de 1 quart : les deux parts réunies feront donc les $\frac{9}{4}$ de la plus petite. Puisque ces $\frac{9}{4}$ valent 27 f., 1 quart vaudra $\frac{27 \text{ f.}}{9}$ ou 3 f.; les 4 quarts ou 12 f. seront la 1re part cherchée, et 15 f. formeront la 2e : il faut donc que la 1re personne remette à la 2e

15 f. 60 c. — 12 f. ou 3 f. 60 c.

666. La différence entre $\frac{1}{3}$ et $\frac{1}{4}$ est $\frac{1}{12}$: le 12e du nombre cherché était donc 10, ce nombre lui-même était donc 12 fois 10 ou 120.

667. 35 rations pendant 30 jours font 30 fois 35 rations ou 1050 rations. Les $\frac{3}{4}$ de 2400 livres sont 1800 livres : 1 ration sera donc de $\frac{1800 \text{ liv.}}{1050}$ ou 1 liv. $\frac{5}{7}$.

668. Divisez 10 millions de mètres par 37,3 millimètres; ou, en observant qu'un mètre vaut 10000 dixièmes de millimètres, ajoutez 4 zéros à la droite du premier nombre, et supprimez la virgule dans le second, qui exprimera des mètres. Le quotient est 268096515 pièces (en négligeant les décimales).

669. 1 milliard de francs vaut 200000000 de pièces de 5 f.; si on multiplie 2,5 millimètres par ce nombre, le produit donnera 500000000 millimètres ou 500000 mètres pour la hauteur cherchée; si on divise cette hauteur par 4444, on aura son expression en lieues : on trouve ainsi 112 lieues et demie.

670. Le budget de France pèse 5 milliards de grammes ou 5 millions de kilogrammes ; si l'on divise ce nombre par 250 kilogr., on aura pour quotient le nombre de charges de mulets cherché : on trouve ainsi qu'il faudrait 20000 mulets.

QUESTIONS SUR LES MÉLANGES ET LES ALLIAGES.

671.

50 litres à 75 c. font 50 fois 75 c. ou	37 f. 50 c.
60 à 1 f. 25 c. font 60 fois 1 f. 25 c.	75 »
Le prix du mélange sera donc	112 f. 50 c.

D'ailleurs le mélange contiendra 110 litres : le prix du litre de ce mélange sera donc $\frac{112 \text{ f. } 50 \text{ c.}}{110}$ ou 1 f. 2 c.

672. 17 fois 1 f. 50 c. font 25 f. 50 c. ; le mélange contenant 20 litres, le prix de 1 litre sera $\frac{25 \text{ f. } 50 \text{ c.}}{20}$ ou 1 f. 28 c.

673. 56 fois 15 sous font 840 sous
2 45 font 90

Total	930 sous

Le mélange contiendra $56 + 2 + 5$ ou 63 litres : 1 litre du mélange vaudra donc $\frac{930 \text{ sous}}{63}$ ou 14 s. 9 d.

674. 25 fois 22 sous font 550 sous ; si l'on divise ce nombre par 20 sous, le quotient exprimera le nombre de litres du mélange. $\frac{550}{20} = 27\frac{1}{2}$ litres : il faut donc ajouter aux 25 litres de vin 2 litres $\frac{1}{2}$ d'eau.

675. Si l'on désigne par x et y les quantités respectives des deux farines à mélanger, $x + y$ sera la quantité totale du mélange, et l'on aura cette égalité

$$x \times 40 \text{ c.} + y \times 27 \text{ c.} = (x + y) \times 35 \text{ c.}$$

Si l'on retranche de part et d'autre $35 \times x$ et $27 \times y$, il restera

$$5x = 8y \text{ ou } \frac{x}{y} = \frac{8}{5}$$ (en divisant de part et d'autre par y et par 5).

Ces deux quantités doivent donc être dans le rapport de 8 à 5.

676. 100 livres à 40 sous font 4000 sous, 12 livres à 50 sous font 600 sous : il faut donc que les 88 livres restantes vaillent ensemble 4000 s. — 600 s. ou 3400 s. La question est donc ramenée à former avec les deux dernières espèces de café 88 livres d'un mélange qui vaille en totalité 3400 sous.

Appelons x la quantité nécessaire de la 2ᵉ espèce de café : $88 - x$ sera la quantité nécessaire de la 3ᵉ espèce, et l'on aura l'égalité

$$42 \times x + 36 \times (88 - x)^{*} = 3400$$

ou $$42 \times x + 36 \times 88 - 36 \times x = 3400$$

En retranchant de chaque membre 36×88, c'est-à-dire 3168, on trouvera

$$6x = 3400 - 3168 = 232,$$

$$\text{d'où } x = \frac{232}{6} = 38\frac{2}{3}$$

Il faut donc 38 livres $\frac{2}{3}$ de la 2ᵉ espèce, et par-conséquent $\left(88 \text{ livres} - 38 \text{ livres } \frac{2}{3}\right)$ ou $49\frac{1}{2}$ livres de la 3ᵉ.

677. Appelons x la quantité d'ouvrage faite en un jour par le 1ᵉʳ ouvrier, et y la quantité d'ouvrage faite en un jour par le 2ᵉ, on aura ces deux égalités

$$5x + 7y = 67$$
$$7x + 8y = 83$$

* Voir pour la multiplication des quantités négatives l'*Arithmétique* de Reynaud, pages 220 et 221.

Si l'on multiplie les deux membres de la 1re par 8 et les deux membres de la 2e par y, ces deux égalités n'auront pas cessé d'être vraies, et il viendra

$$40x + 56y = 536$$
$$49x + 56y = 581$$

Si l'on retranche ces égalités membre à membre, ce qui ne détruit pas l'égalité, on aura

$$49x - 40x + 56y - 56y = 581 - 536$$
$$\text{ou } 9x = 45,$$

d'où l'on tire $x = \frac{45}{9} = 5$

Si maintenant dans la première des égalités primitives on remplace x par la valeur que nous venons de trouver, cette égalité deviendra

$$5 \times 5 + 7y = 67 \quad \text{ou} \quad 25 + 7y = 67$$

Si l'on retranche 25 de chaque membre, l'égalité subsistera encore, et il viendra

$$7y = 67 - 25 \quad \text{ou} \quad 7y = 42,$$

d'où l'on tire $y = \frac{42}{7} = 6$

Le premier ouvrier fait donc 5 mètres d'ouvrage par jour, et le second 6 mètres.

678. Appelons x et y le nombre de litres fournis respectivement dans une heure par chaque fontaine, on aura les deux égalités

$$3x + 2y = 274 \text{ litres}$$
$$2x + 3y = 286$$

Si l'on multiplie la première par 3 et la seconde par 2, elles deviendront

$$9\,x + 6\,y = 822 \text{ litres}$$
$$4\,x + 6\,y = 572$$

Retranchant membre à membre la seconde de la première, il restera

$$5\,x = 250 \text{ litres},$$

d'où $$x = \frac{250 \text{ lit.}}{5} = 50 \text{ lit.}$$

Si dans la première des deux égalités primitives on met au lieu de x cette valeur, cette égalité deviendra

$$3 \times 50 \text{ lit.} + 2\,y = 274 \text{ lit.}$$
ou $$150 \text{ lit.} + 2\,y = 274 \text{ lit.}$$

Retranchant de part et d'autre 150 litres, on aura

$$2\,y = 274 \text{ lit.} - 150 \text{ lit.} = 124 \text{ lit.},$$

d'où l'on tire $$y = \frac{124 \text{ lit.}}{2} = 62 \text{ lit.}$$

La première fontaine fournit donc 50 litres par heure, et la seconde 62 litres.

679. Soient x et y les prix respectifs de l'hectolitre de blé et de l'hectolitre d'orge, on aura les deux égalités

$$30\,x + 20\,y = 280 \text{ f.}$$
$$50\,x + 60\,y = 600 \text{ f.}$$

Tous les termes de ces deux égalités étant divisibles

par 10, opérons cette division, qui ne troublera pas l'égalité; nous aurons

$$(a)\quad 3x + 2y = 28 \text{ f.}$$
$$5x + 6y = 60 \text{ f.}$$

Multipliant la première égalité par 6 et la seconde par 2, elles deviennent

$$18x + 12y = 168 \text{ f.}$$
$$10x + 12y = 120 \text{ f.}$$

Retranchant membre à membre la seconde de la première, on obtient

$$8x = 48 \text{ f.},$$

$$\text{d'où}\quad x = \frac{48 \text{ f.}}{8} = 6 \text{ f.}$$

Si dans l'égalité (a) on met pour x cette valeur, il viendra

$$18 \text{ f.} + 2y = 28 \text{ f.}$$

ou en retranchant de part et d'autre 18 f.

$$2y = 10 \text{ f.}$$

$$\text{d'où}\quad y = \frac{10 \text{ f.}}{2} = 5 \text{ f.}$$

L'hectolitre de blé vaut donc 6 f. et l'hectolitre d'orge 5 f.

680. 36 fois 25 sous font 900 sous; 7 fois 52 sous font 364 sous : en tout 900 sous + 364 sous, ou 1264 sous. D'ailleurs l'alliage pèse 36 livres + 7 livres, ou 43 livres : le prix de la livre d'alliage sera donc $\frac{1264 \text{ sous}}{43}$ ou 29 sous et 4 ^{d},7 ou 5 den.

681.	15 fois 26 sous font	390 sous
	8 9	72
	2 12	24
	L'alliage vaudra donc en tout	486 sous

D'ailleurs cet alliage pèse 15 livres + 8 livres + 2 livres, ou 25 livres : le prix de 1 livre d'alliage sera donc $\frac{486 \text{ sous}}{25}$ ou 19 sous 5 deniers (en négligeant une petite fraction de denier).

682.	70 fois 1 f. 35 c. font	94 f. 50 c.
	30 » 45	13 50
	Le prix total de l'alliage est donc	108 f. » c.

D'ailleurs cet alliage pèse 30 livres + 70 livres, ou 100 livres : le prix de 1 livre d'alliage est donc $\frac{108 \text{ f.}}{100}$ ou 1 f. 8 c.

683.	11 fois 52 sous font	572 sous
	100 26	2600
	Le prix total de l'alliage est donc	3172 sous

D'ailleurs il pèse 11 livres + 100 livres, ou 111 livres : le prix de 1 livre d'alliage est donc $\frac{3172 \text{ sous}}{111}$ ou 28 sous 7 deniers (moins une petite fraction de denier).

684.	220 fois 50 sous font	11000 sous
	780 27	21060
	10 8	80
	8 12	96
	Le prix total de l'alliage est donc	32236 sous

ou 1611 f. 16 s.

Cet alliage pèse 220 + 780 + 10 + 8 livres, ou 1018 livres : le prix de 1 livre d'alliage est donc $\frac{32236 \text{ sous}}{1018}$ ou 31 sous 8 deniers (moins une petite fraction de denier).

685.	20 fois 15 sous font	300 sous
	80 13	1040
	5 25	125
	L'alliage vaut donc en tout	1465 sous

D'ailleurs il pèse 20 + 80 + 5 livres, ou 105 livres : le prix de la livre d'alliage est donc $\frac{1465 \text{ sous}}{105}$ ou 13 sous 11 deniers $\frac{5}{21}$.

686.	1 livre d'étain à 48 sous vaut	48 sous
	2 de plomb à 12 valent	24
	Le prix de cet alliage est donc	72 sous

D'ailleurs il pèse 3 livres : le prix de la livre d'alliage est donc $\frac{72 \text{ sous}}{3}$ ou 24 sous.

687. L'alliage pèse 3 + 5 livres, ou 8 livres ; le cui-

vre y entre

1° pour 1 dixième de 3 livres ou $\frac{3}{10}$ de livre.

2° pour 1 huitième de 5 ou $\frac{5}{8}$

Si l'on ajoute ces deux fractions, on a pour somme $\frac{37}{40}$ de livre. L'alliage pesant 8 livres ou $\frac{320}{40}$ de livre, le poids du cuivre est les $\frac{37}{320}$ du poids de l'alliage. Cette fraction, réduite en décimales, donne 0,1156 ou simplement 0,116.

688. Appelons x et x' les quantités respectives des deux qualités d'argent qui doivent entrer dans l'alliage; $x + x'$ sera le poids total de l'alliage.

Le cuivre y entrera 1° pour 1 huitième de x ou $\frac{x}{8}$, 2° pour 1 quinzième de x' ou $\frac{x'}{15}$; la somme de ces deux quantités de cuivre doit faire le dixième du poids total ou $\frac{x+x'}{10}$. On a donc l'égalité

$$\frac{x}{8} + \frac{x'}{15} = \frac{x + x'}{10}$$

Si l'on réduit les trois fractions au même dénominateur 120, on pourra supprimer ce dénominateur, et il restera

$$15x + 8x' = 12\,(x + x') = 12x + 12x'$$

Retranchant de part et d'autre 12 x et 8 x', il reste

$$3x = 4x',$$

d'où $\frac{x}{x'} = \frac{4}{3}$

Ces deux quantités d'argent doivent donc être dans le rapport de 4 à 3.

689. Soient x et x' les quantités respectives des deux qualités d'or, $x + x'$ sera le poids de l'alliage; le cuivre y entrera 1° pour 5 millièmes de x ou $\frac{5x}{1000}$, 2° pour 2 centièmes de x' ou $\frac{2x'}{100}$: la somme de ces deux quantités de cuivre doit faire le centième du poids total ou $\frac{x + x'}{100}$. On a donc l'égalité

$$\frac{5\,x}{1000} + \frac{2\,x'}{100} = \frac{x + x'}{100}$$

Réduisez au même dénominateur 1000, et supprimez ce dénominateur, il viendra

$$5x + 20x' = 10x + 10x'$$

En supprimant de part et d'autre $5x$ et $10x'$, il restera

$$10x' = 5x,$$

d'où $\frac{x'}{x} = \frac{5}{10} = \frac{1}{2}$

La première qualité d'or doit donc entrer dans l'alliage pour une quantité double de la seconde.

690. 5 grammes d'argent valant 1 f., 1 gramme d'argent vaut $\frac{1 \text{ f.}}{5}$ ou 20 c. : 1 gramme d'or a donc

15 fois $\frac{1}{2}$ cette valeur,

ou 0f.,20 $\times$ 15 $\frac{1}{2}$ ou 0f.,20 $\times$ $\frac{31}{2}$ ou enfin 3 f. 10 c.

708 grammes d'or vaudraient donc 708 fois 3 f. 10 c. ou	2194 f. 80 c
292 grammes d'argent vaudraient 292 fois 0f.,20 ou	58 40
Le prix total de l'alliage serait donc	2253 f. 20 c.

Son poids serait d'ailleurs de 708 + 292 grammes, ou 1000 grammes : le poids de 1 gramme est donc de $\frac{2253 \text{ f. } 20 \text{ c.}}{1000}$ ou 2f.,2532.

691. D'après les prix du gramme d'or et du gramme d'argent trouvés plus haut,

5 grammes d'or	valent 5 fois 3 f. 10 c. ou	15 f. 50 c.
8 d'argent	8 » 20 ou	1 60
	Le prix de l'alliage est donc	17 f. 10 c.

(en négligeant le prix du cuivre). Son poids est d'ailleurs de 5 + 8 + 2 grammes ou 15 grammes : le prix de 1 gramme d'alliage est donc $\frac{17 \text{ f. } 10 \text{ c.}}{15}$ ou 1 f. 14 c.

692. Soient x le nombre de grammes d'argent qu'il faut ajouter à l'or, et y le nombre de grammes d'or qu'il faut ajouter à l'argent, le prix du 1er alliage sera

$$3 \text{ f. } 10 \text{ c.} \times 3 + 0 \text{ f. } 20 \text{ c.} \times x$$

Son poids est d'ailleurs 3 grammes $+ x$: le prix de 1 gramme de cet alliage sera donc

$$\frac{3\text{ f. }10\text{ c.} \times 3 + 0\text{ f. }20\text{ c.} \times x}{3 + x}$$

On trouvera de la même manière que le prix de 1 gramme du 2e alliage est

$$\frac{0\text{ f. }20\text{ c.} \times 5 + 3\text{ f. }10\text{ c.} \times y}{5 + y}$$

Or, d'après l'énoncé de la question, ces deux valeurs doivent être égales : on a donc

$$\frac{3\text{f.},10 \times 3 + 0\text{f.},20 \times x}{3 + x} = \frac{0\text{f.},20 \times 5 + 3\text{f.},10 \times y}{5 + y}$$

En faisant disparaître les dénominateurs on trouve

$$(3\text{f.},10 \times 3 + 0\text{f.},20 \times x)(5 + y)$$
$$= (0\text{f.},20 \times 5 + 3\text{f.},10 \times y)(3 + x)$$

Effectuez les multiplications indiquées, en observant que le produit de deux sommes est la somme des produits de chacune des parties de la première par chacune des parties de la seconde. On trouve ainsi

$$3\text{f.},10 \times 3 \times 5 + 0\text{f.},20 \times 5 \times x + 3\text{f.},10 \times 3 \times y$$
$$+ 0\text{f.},20 \times x \times y$$
$$= 0\text{f.},20 \times 5 \times 3 + 3\text{f.},10 \times 3 \times y + 0\text{f.},20 \times 5 \times x$$
$$+ 3\text{f.},10 \times x \times y$$

qui se réduit, en supprimant les termes égaux dans les deux membres, à

$$3\text{f.},10 \times 3 \times 5 + 0\text{f.},20 \times x \times y$$
$$= 0\text{f.},20 \times 5 \times 3 + 3\text{f.},10 \times x \times y$$

Si l'on retranche dans les deux membres

$$0\text{f.},20 \times 5 \times 3 \text{ et } 0\text{f.},20 \times x \times y$$

il viendra

$$3f.,10 \times 3 \times 5 - 0f.,20 \times 5 \times 3$$
$$= 3f.,10 \times x \times y - 0f.,20 \times x \times y$$

Or 15 fois un nombre moins 15 fois un autre nombre est la même chose que 15 fois la différence de ces deux nombres : d'après cette observation cette dernière égalité pourra être mise sous la forme

$$(3f.,10 - 0f.,20)\ 3 \times 5$$
$$= (3f.,10 - 0f.,20)\ x \times y$$

Le facteur (3f.,10 — 0f.,20) étant commun aux deux membres, on peut le supprimer sans troubler l'égalité; il reste alors

$$(1)\quad 3 \times 5 = x \times y \quad \text{ou} \quad x \times y = 15$$

Il faut donc et il suffit que le produit des quantités d'argent et d'or cherchées soit égal à 15.

[On pourrait exprimer cette condition d'une autre manière, en observant que de l'égalité (1) on déduit la proportion $x : 3 :: 5 : y$]

QUESTIONS SUR LA NOUVELLE MONNAIE.

693.

Une pièce de	5 f.	doit peser	5 fois 5 gr.	ou 25 gr.
	2 f.		2 5	ou 10
	50c.		le 1/4 du poids précédent	2, 5
	25c.		la 1/2 de ce dernier	1,25

694. 40 f. en argent pèseraient 40 fois 5 grammes ou 200 gr. : 40 f. en or pèseront donc 15 fois $\frac{1}{2}$ moins,

ou $\frac{200 \text{ gr.}}{15\frac{1}{2}}$ ou $\frac{400 \text{ gr.}}{31}$

En réduisant en décimales, on trouve 12gr.,90322.
20 f. en or pèseront moitié moins ou 6gr.,45161.

695. Le poids d'une pièce de 5 f. étant 25 gramm., les 3 millièmes de ce poids seront $\frac{25 \text{ gr.} \times 3}{1000}$ ou 0gr.,075 : le poids de la pièce de 5 f. peut donc varier de 25 gr. + 0gr.,075 à 25 gr. — 0gr.,075 ou de 25gr.,075 à 24gr.,925.

Le poids d'une pièce de 2 f. étant 10 gramm., les 5 millièmes de ce poids sont $\frac{10 \text{ gr.} \times 5}{1000}$ ou 0gr.,050 : la pièce peut donc varier de poids depuis

10 gr. — 0gr.,05 jusqu'à 10 gr. + 0gr.,05
ou depuis 9gr.,95 10 gr.,05

Le poids d'une pièce de 1 f. étant 5 gramm., dont les 5 millièmes sont 0gr.,025, cette pièce peut varier de poids depuis

5 gr. — 0gr.,025 jusqu'à 5 gr. + 0gr.,025
ou depuis 4gr.,975 5gr.,025

Le poids d'une pièce de 50 c. étant 2gr.,5, dont les 7 millièmes sont 0gr.,0175, cette pièce peut varier de poids depuis

2gr.,5 — 0gr.,0175 jusqu'à 2gr.,5 + 0gr.,0175
ou depuis 2gr.,4825 2gr.,5175

Enfin la pièce de 25 c. pesant 1gr.,25, dont les 10 millièmes sont 0gr.,0125, cette pièce peut varier de poids depuis

1gr.,25 — 0gr.,0125 jusqu'à 1gr.,25 + 0gr.,0125
ou depuis 1gr.,2375 1gr.,2625

696. La pièce de 40 f. pesant 12gr.,90322, dont les 2 millièmes sont 0gr.,02581, cette pièce peut varier de poids depuis 12gr.,90322 — 0gr.,02581
jusqu'à 12gr.,90322 + 0gr.,02581
ou depuis 12gr.,87742 jusqu'à 12gr.,92903

La pièce de 20 f. pesant 6gr.,45161, dont les 2 millièmes sont 0gr.,01290, cette pièce peut varier de poids depuis 6gr.,45161 — 0gr.,01290
jusqu'à 6gr.,45161 + 0gr.,01290
ou depuis 6gr.,43871 jusqu'à 6gr.,46451.

697. Pour la pièce de 5 f. la tolérance est de 3 millièmes ; les $\frac{3}{1000}$ de 5 f. sont $\frac{5\text{ f.} \times 3}{1000}$ ou 0f.,015 ou 1c.,5

Pour la pièce de 2 f. la tolérance est de 5 milliém. ; les $\frac{5}{1000}$ de 2 f. sont $\frac{2\text{ f.} \times 5}{1000}$ ou 0f.,01 ou 1 c.

Pour la pièce de 1 f. la tolérance est de 5 milliém. ; les $\frac{5}{1000}$ de 1 f. sont $\frac{1\text{ f.} \times 5}{1000}$ ou 0f.,005 ou 0c.,5

Pour la pièce de 50 c. la tolérance est de 7 milliém. ; les $\frac{7}{1000}$ de 50 c. sont $\frac{50\text{ c.} \times 7}{1000}$ ou 0c.,35

Pour la pièce de 25 c. la tolérance est de 10 millièmes; les $\frac{10}{1000}$ de 25 c. sont 0c.,25.

698. Pour la pièce de 40 f. la tolérance est de 2 millièmes; les $\frac{2}{1000}$ de 40 f. sont $\frac{40 \text{ f.} \times 2}{1000}$ ou 0f.,08 ou 8 c.

Pour la pièce de 20 f. la tolérance est de 2 millièmes; les $\frac{2}{1000}$ de 20 f. sont $\frac{20 \text{ f.} \times 2}{1000}$ ou 0f.,04 ou 4 c.

699. La pièce de 5 f. doit peser 25gr.,000
La pièce dont il s'agit ne pèse que 24 ,567

La perte en poids est donc 0gr.,433

On peut poser la proportion

$$25 \text{ gr.} : 5 \text{ f.} :: 0\text{gr.},433 : x,$$

$$\text{d'où } x = \frac{5 \text{ f.} \times 0{,}433}{25}$$

ou $x = 0$f.,086 ou $x = 9$ cent.

700. 100 pièces de 5 f. doivent peser 2500 gr.
Si elles ne pesaient que 2475

la perte en poids serait de 25 gr.
qui équivalent à 5 f.

701. 20 f. en or doivent peser 6gr.,45161
Si la pièce dont il s'agit ne pèse que 6 ,402

la perte en poids est de 0gr.,04961

ou à peu près 0gr.,05. Ce poids d'argent équivaudrait à 1 centime : le même poids en or équivaut donc à 15 cent. $\frac{1}{2}$; la perte cherchée est donc d'environ 15 centimes.

702. Une pièce de 40 f. doit peser 12gr.,90322
La pièce dont il s'agit ne pèse que 12 ,678

La perte en poids est donc 0gr.,22522

On peut poser la proportion

12gr.,90322 : 40 f. :: 0gr.,22522 : x,

d'où l'on tire

$$x = \frac{40 \text{ f.} \times 0{,}22522}{12{,}90322} = 0\text{f.},70$$

703. Dans les monnaies d'or il peut donc entrer

ou $\frac{1}{10} + \frac{2}{1000}$, c'est-à-dire $\frac{102}{1000}$ d'alliage,

et par conséquent $\frac{898}{1000}$ d'or pur;

ou bien $\frac{1}{10} - \frac{2}{1000}$, c'est-à-dire $\frac{98}{1000}$ d'alliage,

et par conséqnent $\frac{902}{1000}$ d'or pur.

Dans le 1er cas le titre est 0,898
Et dans le 2e 0,902

Dans les monnaies d'argent il peut entrer

ou $\frac{1}{10} + \frac{3}{1000}$, c'est-à-dire $\frac{103}{1000}$ d'alliage,

et dès lors $\frac{897}{1000}$ d'argent pur;

ou bien $\frac{1}{10} - \frac{3}{1000}$, c'est-à-dire $\frac{97}{1000}$ d'alliage,

et dès lors $\frac{903}{1000}$ d'argent pur.

Dans le 1er cas le titre est 0,897
Et dans le 2e 0,903

704. La pièce de 2 f. valant 10 grammes, 1 kilogramme ou 100 fois 10 grammes vaudra 100 fois 2 f. ou 200 f.

705. Il vaudra 200 f. — 3 f. ou 197 f.

706. On peut poser la proportion

6gr.,45161 : 20 f. :: 1000 gr. : x,

d'où l'on tire

$$x = \frac{20 \text{ f.} \times 1000}{6\text{gr.},45161} = \frac{2000000000 \text{ f.}}{645161} = 2100 \text{ f.}$$

(à 1 millième de franc près).

707. Il vaudra 2100 f. — 9 f. ou 2091 f.

708. L'argent pur entrant pour $\frac{9}{10}$ dans la monnaie d'argent (où l'alliage n'est d'ailleurs compté pour rien), on peut dire

$\frac{9}{10}$ de kilogramme d'argent pur valent 200 f.

$\frac{1}{10}$ de kilogramme vaudra $\frac{200 \text{ f.}}{9}$

et 1 kil. (ou 10 dixièmes de kil.) vaudra $\frac{200 \text{ f.}}{9} \times 10$

ou $\frac{2000 \text{ f.}}{9}$ ou enfin 222 f. 22 c.

709. On peut dire de même

$\frac{9}{10}$ de kil. d'argent non monnayé (mais au titre de la monnaie) valent 197 f.

$\frac{1}{10}$ de kil. de même argent vaudra donc $\frac{197 \text{ f.}}{9}$

et 10 dixièmes de kil. (ou 1 kil.) vaudront $\frac{197 \text{ f.}}{9} \times 10$

ou $\frac{1970 \text{ f.}}{9}$ ou enfin 218 f. 89 c.

710. On peut dire de même

$\frac{9}{10}$ de kil. d'or pur valent 3100 f.

$\frac{1}{10}$ de kil. du même or vaudra $\frac{3100 \text{ f.}}{9}$

et 10 dixièmes de kil. (ou 1 kil.) vaudront $\frac{3100 \text{ f.}}{9} \times 10$

ou $\frac{31000 \text{ f.}}{9}$ ou enfin 3444 f. 44 c.

711. De même encore

$\frac{9}{10}$ de kil. d'or non monnayé (mais au titre des monnaies) valent 3091 f.

$\frac{1}{10}$ de kil. du même or vaudra $\frac{3091 \text{ f.}}{9}$

et 10 dixièmes de kil. (ou 1 kil.) vaudront $\frac{3091 \text{ f.}}{9} \times 10$

ou $\frac{30910 \text{ f.}}{9}$ ou enfin 3434 f. 44 c.

712. Posez la proportion

1 kil. : 218 f. 89 c. :: 3 kil.,567 : x,

d'où

$x = 218$ f. 89 c. $\times$ 3,567 ou $x = 780$ f. 78 c.

713. Posez la proportion

1 kil. : 197 f. :: 1 kil.,675 : x,

d'où l'on tire

$x = 197$ f. $\times$ 1,675 $= 329$ f. 98 c.

714. Posez la proportion

$$1000 \text{ gr.} : 3434 \text{ f. } 44 \text{ c.} :: 46 \text{ gr.} : x,$$

d'où

$$x = \frac{3434 \text{ f. } 44 \text{ c.} \times 46}{1000} = 157 \text{ f. } 98 \text{ c.}$$

715. Posez la proportion

$$1000 \text{ gr.} : 3091 \text{ f.} :: 515 \text{gr.},75 : x,$$

d'où l'on tire

$$x = \frac{3091 \text{ f.} \times 515{,}75}{1000} = 1594 \text{ f. } 18 \text{ c.}$$

716. A valeur égale la monnaie de cuivre pèse donc 40 fois plus que la monnaie d'argent.

Or 1 f. en argent pèse 5 gr., 1 f. en cuivre pèsera donc 5 gr. $\times$ 40 ; 1 sou, qui en est la 20ᵉ partie, pèsera donc $\frac{5 \text{ gr.} \times 40}{20}$ ou 10 gr.

QUESTIONS SUR LA VALEUR DES MATIÈRES D'OR ET D'ARGENT.

717. Le premier titre de l'argent étant 0,950 ou $\frac{95}{100}$, pour savoir combien il y a d'argent pur dans

2,456 kilogrammes d'argent au premier titre, il faut prendre les $\frac{95}{100}$ de 2,456 kil. ou $\frac{2kil.,456 \times 95}{100}$ ou 2kil.,3332.

718. Le second titre de l'argent étant 0,800 ou $\frac{8}{10}$, il faut prendre les $\frac{8}{10}$ de 45kil.,36 ou $\frac{45kil.,36 \times 8}{10}$ ou enfin 36kil.,288.

719. Le premier titre de l'or étant 0,920 ou $\frac{92}{100}$, il faut prendre les $\frac{92}{100}$ de 48 gr. ou $\frac{48 \times 92}{100} = 44gr.,16$.

720. Le deuxième titre de l'or étant 0,840 ou $\frac{84}{100}$, il faut prendre les $\frac{84}{100}$ de 120gr.,5 ou $\frac{120gr.,5 \times 84}{100}$ ou enfin 101gr.,22.

721. Le troisième titre de l'or étant 0,750 ou $\frac{75}{100}$, il faut prendre les $\frac{75}{100}$ de 3gr.,67 ou $\frac{3gr.,67 \times 75}{100}$ ou enfin 2gr.,7525.

722. Cherchez d'abord combien le vase contient d'argent pur ; l'argent étant au premier titre, l'argent pur est les $\frac{95}{100}$ du poids ou $\frac{2450\text{gr.} \times 95}{100} = 2327\text{gr.},50$ ou 2kil.,3275.

Puisque la valeur d'un kilogramme d'argent pur au change des monnaies est 218 f. 89 c., la valeur de 2kil.,3275 sera

218 f. 89 c. $\times$ 2,3275 ou 509 f. 46 c.

723. Puisque l'argent est au second titre, l'argent pur sera les $\frac{8}{10}$ du poids ou $\frac{588\text{gr.},5 \times 8}{10}$ ou 470gr.,8 ou 0kil.,4708, qui vaudront 218 f. 89 c. $\times$ 0kil.,4708 ou 103f.,05.

724. Puisque l'or est au premier titre, l'or pur sera les $\frac{92}{100}$ du poids ou $\frac{3\text{gr.},756 \times 92}{100}$ ou 34gr.,5552.

Puisque la valeur de 1 kil. d'or pur au change des monnaies est 3434 f. 44 c., celle de 1 gr. sera 3f.,43444, et celle de 34gr.,5552 sera 3f.,43444 $\times$ 34gr.,5552 ou 11 f. 87 c.

725. Puisque l'or est au deuxième titre, l'or pur est les $\frac{84}{100}$ du poids ou $\frac{115\text{gr.},74 \times 84}{100}$ ou 97,2216, qui vaudront 3f.,43444 $\times$ 97,2216 ou 333 f. 90 c.

726. Puisque l'or est au troisième titre, l'or pur est les $\frac{75}{100}$ du poids ou $\frac{586\text{gr.},832 \times 75}{100}$ ou 440gr.,124, qui vaudront 3f.,43444 $\times$ 440,124 ou 1511 f. 58 c.

727. L'argent pur entrerait pour les $\frac{95}{100}$ de la 1re moitié ou $\frac{95}{200}$, et pour les $\frac{80}{100}$ de l'autre moitié ou $\frac{80}{200}$; en tout

$$\frac{95 + 80}{200} = \frac{175}{200} = 0,875$$

728. L'or pur entrerait pour les $\frac{92}{100}$ du 1er tiers ou $\frac{92}{300}$, pour les $\frac{84}{100}$ du 2e tiers ou $\frac{84}{300}$, et pour les $\frac{75}{100}$ du 3e tiers ou $\frac{75}{300}$; en tout

$$\frac{92 + 84 + 75}{300} = \frac{251}{300} = 0,837$$

729. 2569 grammes font 25,69 hectogrammes :

1 franc par hectogramme donne donc	25f., 69
et en y ajoutant un dixième en sus,	2 ,569
on aura pour somme le prix cherché	28f.,259

ou simplement 28 f. 26 c.

730. 567 grammes font 5,67 hectogrammes : on

aura donc d'abord 20 f. × 5,67 ou	113 f. 40 c.
plus le dixième	11 34
Le prix cherché est donc	124 f. 74 c.

731. Soient x le poids cherché d'or au premier titre, et y le poids cherché d'or au troisième titre, $x+y$ sera le poids de l'alliage. L'or pur y entrera

1° pour les $\frac{92}{100}$ de x ou $\frac{92x}{100}$

2° pour les $\frac{75}{100}$ de y ou $\frac{75y}{100}$

Mais il doit entrer pour les $\frac{84}{100}$

dans la totalité $x+y$ ou $\frac{84\,(x+y)}{100}$

On aura donc l'égalité

$$\frac{92x}{100}+\frac{75y}{100}=\frac{84\,(x+y)}{100}$$

ou simplement $92x+75y=84\,(x+y)$

ou $92x+75y=84x+84y$

Retranchant de part et d'autre $75y$ et $84x$, il restera

$$8x=9y\text{, d'où l'on tire } \frac{x}{y}=\frac{9}{8}$$

Il faut donc que les quantités cherchées soient dans le rapport de 9 à 8.

732. Le titre étant le quotient du poids de l'argent pur par le poids de l'alliage, si l'on désigne par x le poids du cuivre qu'il faut ajouter, le titre de l'alliage sera exprimé par la fraction $\frac{86}{86+14+x}$ ou $\frac{86}{100+x}$.

Mais cette fraction doit être égale à celle qui exprime le second titre de l'argent : on a donc l'égalité

$$\frac{86}{100+x}=\frac{80}{100}$$

ou, en faisant disparaître les dénominateurs,

$$100\times 86=100\times 80+80x$$

En retranchant de part et d'autre 100×80, il reste

$$100\times 6=80x$$

$$\text{ou}\quad x=\frac{100\times 6}{80}=\frac{60}{8}=7\text{gr.},5$$

733. Soit x le poids de l'or qu'il faut ajouter; le titre de l'alliage sera $\frac{145+x}{145+x+15}$ ou $\frac{145+x}{160+x}$. Or cette fraction doit être égale à celle qui exprime le premier titre de l'or : on a donc l'égalité

$$\frac{145+x}{160+x}=\frac{92}{100}$$

$$\text{ou}\quad 14500+100x=14720+92x$$

Retranchant de part et d'autre 14500 et $92x$, il restera

$$8x=220,\quad \text{d'où } x=\frac{200}{8}=27\text{gr.},5$$

QUESTIONS SUR LES MONNAIES ÉTRANGÈRES.

734. On a

1°	15	fois	26 f.	47 c.	ou	397 f.	05 c.
2°	3		25	21		75	63
3°	10		6	16		61	60
4°	12		1	16		13	92
				Total		548 f.	20 c.

735.

La valeur de la piastre est $\frac{81 \text{ f. } 51 \text{ c.}}{15}$ ou 5 f. 43 c.

du réal est $\frac{5 \text{ f. } 43 \text{ c.}}{5}$ ou 1 08

736.

1 silbergros vaut $\frac{3 \text{ f. } 71 \text{ c.}}{30}$ ou 0f.,123

On a donc	1°	13	fois	11 f.	77 c.	ou	153 f.	01 c.
	2°	2		3	71		7	42
	et	17		0	123		2	09
					Total		162 f.	52 c.

737. 15 fois 11 f. 93 c. font		178 f.	95 c.
et 54 — 2 — 16		116	64

738. 1° 3 fois 150 f. font	450 f.	
6 — 20	120	
Total	570 f.	
2° 23 fois 11 f. 95 c. font	274 f.	85 c.
3° 286 — 7 — 07	2022	02

QUESTIONS SUR LES CHANGES ET LES ARBITRAGES.

739. Posez la proportion

$$120 \text{ f.} : 57\frac{1}{2} :: 5615 \text{ f.} : x,$$

d'où l'on tire

$$x = \frac{57\frac{1}{2} \times 5615}{120} = 2690 \text{ duc. } \frac{25}{48}$$

740. Posez la proportion

$$25 \text{ f. } 20 \text{ c.} : 1 :: 1562 \text{ f.} : x,$$

d'où l'on tire

$$x = \frac{1562}{25,20} = \frac{15620}{252} = 61 \text{ liv. sterl. et } \frac{62}{63}$$

741. Posez la proportion

100 : 254 f. 45 c. :: 1200 : x,

d'où l'on tire

$$x = \frac{254 \text{ f. } 45 \text{ c.} \times 1200}{100} = 3053 \text{ f. } 40 \text{ c.}$$

742. Posez la proportion

1 : 1 f. 40 c. :: 2460 : x,

d'où l'on tire

$$x = 1 \text{ f. } 40 \text{ c.} \times 2460 = 3444 \text{ f.}$$

743. Soient x la valeur des 3600 f. en livres sterling, et y cette même valeur en florins de Vienne, on aura les deux proportions

25 f. 20 c. : 1 :: 3600 f. : x

et 1 : 605 kr. :: x : y (10 fl. 5 kr. font 605 kr.)

Si l'on multiplie ces deux proportions terme à terme, et que l'on supprime le facteur x, qui deviendrait commun aux deux termes du second rapport, il viendra

25 f. 20 c. : 605 kr. :: 3600 f. : y,

d'où l'on tire

$$y = \frac{605 \text{ kr.} \times 3600}{25,20} = 2178000 \text{ kr.} = 1440 \text{ fl. } 28 \text{ kr.} \frac{12}{21}$$

744. Appelons x la valeur des 3400 roubles en sous de Hambourg, y cette même valeur en florins d'Amsterdam, et z cette même valeur en francs : on aura les trois proportions

$$1 \text{ r.} : 9 \text{ s.} \frac{1}{4} :: 3400 \text{ r.} : x$$

$$40 \text{ marcs ou } 640 \text{ s.} : 35 \text{ fl.} \frac{1}{4} :: x : y$$

$$56 \text{ fl.} \frac{3}{4} : 120 \text{ f.} :: y : z$$

Multipliant ces trois proportions terme à terme, et supprimant le facteur $x \times y$, qui deviendrait commun aux deux termes du second rapport, on trouve

$$640\text{s.} \times 56\frac{3}{4}\text{fl.} : 9\frac{1}{4}\text{s.} \times 35\frac{1}{4}\text{fl.} \times 120\text{f.} :: 3400\text{r.} : z,$$

d'où l'on tire

$$z = \frac{9\frac{1}{4} \times 35\frac{1}{4} \times 120 \times 3400}{640 \times 56\frac{3}{4}}$$

Réduisant les entiers en fractions, et faisant disparaître les dénominateurs, cette valeur devient

$$z = \frac{37 \times 141 \times 120 \times 3400}{640 \times 227 \times 4} = \frac{37 \times 141 \times 3 \times 425}{227 \times 8}$$

$$= 3662\text{f.},816$$

ou 3662 f. 82 c.

745. 1° Pour opérer le change directement on a la proportion

$$100 \text{ marcs} : 185 \text{ f.} :: 1500 \text{ marcs} : x,$$

d'où

$$x = \frac{185 \text{ f.} \times 1500}{100} \quad \text{ou} \quad x = 2775 \text{ f.}$$

2° Pour opérer le change en passant par Londres, appelons x la valeur des 1500 marcs en livres sterling, et y cette même valeur en francs : on aura les deux proportions

$$13\frac{1}{2} \text{ m.} : 1 \text{ l. st.} :: 1500 \text{ m.} : x$$

$$\text{et} \quad 1 \text{ l. st.} : 25 \text{ f. } 15 \text{ c.} :: x : y$$

Les conséquents de la première proportion sont les antécédents de la seconde : on peut donc écrire

$$13\frac{1}{2} \text{ m.} : 25 \text{ f. } 15 \text{ c.} :: 1500 \text{ m.} : y,$$

d'où

$$y = \frac{25 \text{ f. } 15 \text{ c.} \times 1500}{13\frac{1}{2}}$$

$$\text{ou} \quad y = \frac{50 \text{ f. } 30 \text{ c.} \times 1500}{27} = 2794 \text{ f. } 44 \text{ c.}$$

3° Enfin, pour opérer le change en passant par Berlin, appelons x la valeur des 1500 marcs en thalers, et y cette même valeur en francs : on aura les deux proportions

$$100 \text{ m.} : 51 \text{ th.} :: 1500 \text{ m.} : x$$

$$\text{et} \quad 1 \text{ th.} : 3 \text{ f. } 67 \text{ c.} :: x : y$$

Multipliant terme à terme, et supprimant le facteur x, qui deviendrait commun aux deux termes du second rapport, on trouve

100 m. : 51 th. $\times$ 3 f. 67 c. :: 1500 m. : y,

d'où l'on tire

$$y = \frac{51 \times 3 \text{ f. } 67 \text{ c.} \times 1500}{100} = 2807 \text{ f. } 55 \text{ c.}$$

Cette dernière voie est donc la plus avantageuse.

QUESTIONS SUR LES FONDS PUBLICS ÉTRANGERS.

—

746. Posez d'abord la proportion

6 duc. de taux : 90duc.,85 de cours :: 75 duc. : x,

d'où l'on tire

$$x = \frac{90\text{duc.,}85 \times 75}{5} = 1362\text{duc.,}75$$

Pour convertir cette somme en francs, il suffit de la multiplier par 4 f. 20 c. On trouve pour produit

5723 f. 55 c.

747. Posez la proportion

5 piast. de taux : $88\frac{1}{2}$ piast. de cours :: 600 piast. : x,

d'où l'on tire

$$x = \frac{88\frac{1}{2} \times 600 \text{ piast.}}{5} = \frac{177 \times 600 \text{ piast.}}{10}$$
$$= 10620 \text{ piast.}$$

Pour convertir cette somme en francs, il suffit de lamultiplier par 5 f. 40 c. On trouve pour produit

57348 f.

748. Posez la proportion

$$5 : 70\frac{7}{8} :: 160 \text{ piast.} : x,$$

d'où

$$x = \frac{70\frac{7}{8} \times 160 \text{ piast.}}{5}$$

ou $x = \frac{567 \times 160 \text{ piast.}}{40} = 2268 \text{ piast.}$

Pour convertir cette somme en francs, multipliez encore par 5 f. 40 c. : le produit est

12247 f. 20 c.

749. Dans le premier cas on a

1000 fl. $\times$ 2 f. 60 c. $=$ 2600 f.

dans le second

1209 fl. $\times$ 2 f. 60 c. $=$ 3143 f. 40 c.

750. Posez la proportion

$$3 : 80\frac{3}{8} :: 500 \text{ l. st.} : x,$$

d'où

$$x = \frac{80\frac{3}{8} \times 500 \text{ l. st.}}{3}$$

ou $x = \frac{643 \times 500 \text{ l. st.}}{24} = 13395{,}83$ l. st.

Pour convertir cette somme en francs, il suffit de la multiplier par 25 f. 20 c. On trouve pour produit

337574 f. 99 c. ou 337575 f.

QUESTIONS SUR LES PROGRESSIONS PAR DIFFÉRENCE.

751. La suite de ces paiements forme une progression par différence dont le premier terme est 100 f. et la différence 50 f. Le dernier terme sera 100 f., augmenté d'autant de fois 50 f. qu'il y a de termes moins un ou 12 — 1. En sorte que, si l'on appelle u ce dernier terme, on aura

$$u = 100 \text{ f.} + 50 \text{ f.} \times (12 - 1),$$

ou, en effectuant le calcul,

$$u = 650 \text{ f.}$$

Généralement, si a est le premier terme d'une progression par différence, et d cette différence, cette progression sera

$$a\ ,\quad a+d\ ,\quad a+2d\ ,\quad a+3d\ ;$$

et, si l'on désigne le nombre des termes par n, le dernier terme sera

$$a+(n-1)\ d\ ;$$

et, si u désigne toujours ce dernier terme, on aura

$$(1)\qquad u=a+(n-1)\ d.$$

Cette égalité nous sera utile pour les problèmes suivants.

752. La suite de ces paiements forme une progression par différence dont le premier terme est 80 f.; elle est de plus composée de 10 termes, dont la somme doit faire 1750 f.

La solution de ce problème et des suivants est fondée sur une propriété des progressions par différence qu'il est utile de rappeler ici.

Prenons pour exemple la progression

2 , 5 , 8 , 11 , 14 , 17 , 20 ,

dont la différence est 3. Ecrivons cette progression au rebours

20 , 17 , 14 , 11 , 8 , 5 , 2.

Si l'on ajoute chaque terme de la première avec le terme qui est au dessous dans la deuxième, il est facile de s'assurer que la somme fera toujours 22. En effet, le deuxième terme de la première, par exemple, est $2+3$; le deuxième terme de la seconde est $20-3$: en ajoutant ces deux termes, la somme sera donc 22. Le troisième terme de la première est $5+3$, le troisième terme de la deuxième est $17-3$: en ajoutant ces deux termes, il ne restera que la somme des deux seconds termes $5+17$, que nous venons de trouver égale à 22. En raisonnant ainsi de proche en proche, on prouvera que toutes les sommes de deux termes de même rang sont égales à 22.

Si l'on ajoute tous les termes des deux proportions, la somme totale sera donc égale à autant de fois la somme des deux premiers termes qu'il y a de termes dans chacune; et, si l'on désigne, comme tout à l'heure, par a le premier terme, par u le dernier, qui sera le premier dans la deuxième progression, par n le nombre des termes, et de plus par S la somme des termes de l'une des progressions, on aura la somme des deux progressions,

$$\text{ou} \quad 2\,S = (a + u)\,n,$$

d'où l'on tire

$$S = \frac{(a + u)\,n}{2} \quad (2)$$

Si, à la place du dernier terme u, on met dans cette égalité sa valeur trouvée dans le numéro précédent,

$$u = a + (n - 1)\,d,$$

elle deviendra

$$S = \frac{[a + a + (n - 1)\,d]\,n}{2} = an + \frac{n\,(n - 1)\,d}{2} \quad (3)$$

Dans le problème dont il s'agit, c'est d qui est l'inconnue.

Or de l'égalité (3) on tire

$$\frac{n\,(n - 1)\,d}{2} = S - an$$

$$\text{et} \quad d = \frac{2\,(S - an)}{n\,(n - 1)} \quad (4)$$

Nous avons

$S = 1750$ f. $\quad a = 80$ f. $\quad n = 10$

Nous aurons donc

$$d = \frac{2(1750\text{ f.} - 80\text{ f.} \times 10)}{10 \times (10-1)} = \frac{2(1750\text{ f.} - 800\text{ f.})}{10 \times 9}$$

$$\text{ou} \quad d = \frac{1900}{90} = 21\text{f.},111...$$

Si en effet on forme la progression

80f.,00; 101f.,111; 122f.,222; 143f.,333... 269f.,999

on trouve pour la somme des 10 premiers termes

1749 f. 99 c. ou 1750 f.

753. Reprenons l'égalité

$$S = an + \frac{n(n-1)d}{2}$$

D'après l'énoncé on a

$a = 1$ f. $\quad d = 1$ f. $\quad$ et $n = 21$

On aura donc

$$S = 1\text{ f.} \times 21 + \frac{21 \times 20 \times 1\text{ f.}}{2}$$

$$= 21\text{ f.} + \frac{420\text{ f.}}{2} = 231\text{ f.}$$

754. Si l'on forme la progression

1 f. 50 c., 2 f., 2 f. 50 c., 3 f., 3 f. 50 c., etc., ..

et qu'on fasse en même temps la somme des termes, on verra que cette somme devient 187 f. 50 c. au 25e terme : le puits a donc 25 mètres de profondeur.

On pourrait résoudre ce problème en tirant de l'égalité

$$S = an + \frac{n(n-1)d}{2}$$

la valeur de n ; mais cette méthode, exigeant la résolution d'une équation du second degré, ne saurait trouver place ici.

755. L'égalité

$$u = a + (n-1)d$$

donne

$$a = u - (n-1)d$$

On a

$$u = 330 \text{ f.} \qquad d = 20 \text{ f.} \qquad \text{et} \quad n = 15$$

on aura donc

$$a = 330 \text{ f.} - 14 \times 20 \text{ f.} = 50 \text{ f.}$$

756. On pourra obtenir toutes ces lignes en menant

Du deuxième point au premier	1 ligne.
Du troisième aux deux premiers	2
Du quatrième aux trois premiers	3
Etc. etc.	etc.
Enfin du dixième aux neuf premiers	9

La somme de ces lignes forme donc une progression par différence, dont le premier terme est 1, la différence 1, et le nombre des termes 9. Si donc dans l'égalité

$$S = an + \frac{n(n-1)d}{2}$$

on fait

$$a = 1 \qquad d = 1 \qquad n = 9$$

on aura

$$S = 9 + \frac{9 \times 8}{2} = 45$$

757. De l'égalité

$$u = a + (n - 1)\, d$$

on tire

$$u - a = (n - 1) d \qquad n - 1 = \frac{u - a}{d} \qquad \text{et } n = 1 + \frac{u - a}{d}$$

On a

$$a = 7 \qquad d = 11 - 7 = 4 \qquad \text{et} \quad u = 59$$

on a donc

$$n = 1 + \frac{59 - 7}{4} = 1 + \frac{52}{4} = 1 + 13 = 14$$

On arriverait au même résultat en écrivant la progression en entier.

758. Si l'on écrit la progression

15 , 45 , 75 , 105 , 135 , etc. ,

et qu'on fasse à mesure la somme des termes, on trouvera que cette somme égale 375 au 5e terme, qui est 135 : ce nombre exprime donc la quantité de pieds parcourus dans la dernière seconde.

759. De l'égalité

$$S = \frac{(a + u)\, n}{2}$$

on tire

$$2S = na + nu \qquad na = 2S - nu \qquad a = \frac{2S}{n} - u$$

On a

$S = 15400 \qquad n = 88 \qquad$ et $\quad u = 262$

on aura donc

$$a = \frac{15400 \times 2}{88} - 262 = 88$$

760. De l'égalité

$$u = a + (n - 1)\,d$$

on tire

$$u - a = (n - 1)\,d \quad \text{et} \quad d = \frac{u - a}{n - 1}$$

On a

$u = 280 \qquad a = 110 \qquad n = 11$

on aura donc

$$d = \frac{280 - 110}{11 - 1} = \frac{170}{10} = 17$$

761. Les 1120 mètres étant divisés en 56 espaces égaux, chacun de ces espaces sera donc de $\frac{1120 \text{ m.}}{56}$ ou 20 m. Pour déposer le premier monceau, le charretier parcourra deux fois 250 m. ou 500 m.; pour déposer le second il parcourra deux fois 250 m. + 20 m. ou deux fois 270 m., c'est-à-dire 540 m.; pour déposer le troisième il parcourra deux fois 270 m. + 20 m. ou deux fois 290 m., c'est-à-dire 580 m., et ainsi de suite. On voit donc que les espaces successivement parcourus suivent une progression par différence, dont le premier terme est 500 m., la différence 40 m. et le nombre des termes 56. Or, si dans l'égalité

$$u = a + (n - 1)\ d$$

on fait

$a = 500$ m. $\qquad d = 40$ m. $\qquad$ et $\quad n = 56$

on aura

$$u = 500 \text{ m.} + 55 \times 40 \text{ m.} = 2700 \text{ m.}$$

Si maintenant dans l'égalité

$$S = \frac{(a + u)\ n}{2}$$

on fait de même

$a = 500$ m. $\quad n = 56$ $\quad$ et de plus $u = 2700$ m.

on aura

$$S = \frac{(500 \text{ m.} + 2700 \text{ m.}) \times 56}{2} = 3200 \text{ m.} \times 28$$

$$\text{ou} \quad S = 89600 \text{ m.}$$

Le charretier devra donc parcourir 89 kilomètres et 600 mètres.

762. Cette progression revient à une progression croissante dont le premier terme est 13, la différence 3, le nombre des termes 17, et la somme 629 : on aura donc

$$u = 13 + (17 - 1) \times 3 = 61$$

763. La première personne aura à parcourir successivement 20 m., 40 m., 60 m., etc. : ces espaces suivent donc une progression dont le premier terme est 20 m., la différence 20 m., et le nombre des termes 16 — 1 ou 15 (puisque le 1er caillou sert de point de départ).

Si donc on fait

$a = 20$ m. $\qquad d = 20$ m. $\qquad n = 15$

on aura d'abord

$$u = 20 \text{ m.} + 14 \times 20 \text{ m.} = 300 \text{ m.}$$

puis

$$S = \frac{(20\text{m.}+300\text{m.})\times 15}{2} = \frac{320\text{m.}\times 15}{2} = 160\text{m.}\times 15$$

$$\text{ou enfin} \quad S = 2400 \text{ m.}$$

La seconde personne devra parcourir deux fois 1300 m., c'est-à-dire 2600 m. : la première personne a donc 200 m. de moins à parcourir que la seconde.

On parviendrait au même résultat en écrivant la progression en entier, et faisant la somme de ses termes.

QUESTIONS SUR LES PROGRESSIONS PAR QUOTIENT.

---

764. Puisque chaque terme d'une progression géométrique s'obtient en multipliant le terme précédent par la *raison*, le dernier terme est égal au premier, multiplié par la raison autant de fois qu'il y a de termes moins un : ainsi, en désignant le premier terme par a, le dernier par u, la raison par q, et le nombre des termes par n, on a

$$u = a \times q^{n-1}$$

Dans le problème donné on a

$$a = 4 \qquad q = 3 \qquad n = 10$$

on aura donc

$$u = 4 \times 3^9 = 4 \times 19683 = 78732$$

(3^9 est la 9e puissance de 3, ou un produit dans lequel 3 entre 9 fois comme facteur.)

765. Dans toute progression géométrique on a

Le deuxième terme = le premier $\times$ la raison
Le troisième terme = le deuxième $\times$ la raison
Le quatrième terme = le troisième $\times$ la raison
Etc. etc. etc.
Le dernier terme = l'avant-dernier $\times$ la raison

Si l'on égale la somme des premiers membres à la somme des seconds membres, on aura

La somme de tous les termes moins le premier = la somme de tous les termes moins le dernier multipliée par la raison ;

ou, en appelant S la somme de tous les termes,

$$S - a = (S - u) \times q \quad \text{ou} \quad S - a = S \times q - u \times q$$

d'où l'on tire, en ajoutant aux deux membres a et $u \times q$,

$$S + u \times q = S \times q + a$$

puis, en retranchant de chaque membre S et a,

$$u \times q - a = S \times q - S$$

Or $S \times q - S$ est la même chose que $S \times (q - 1)$: l'égalité devient donc

$$S \times (q - 1) = u \times q - a$$

Et, en divisant les deux termes par $(q - 1)$, on a

$$S = \frac{uq - a}{q - 1}$$

Si maintenant l'on met, au lieu de u, sa valeur $a \times q^{n-1}$, on trouvera

$$S = \frac{a \times q^{n-1} \times q - a}{q-1} = \frac{aq^n - a}{q-1} = \frac{a(q^n - 1)}{q-1}$$

Dans le problème proposé on a

$$a = 2 \text{ f. } 50 \text{ c.} \quad \text{et} \quad n = 9$$

Quant à q, observons qu'ajouter à un nombre son 5e revient à le multiplier par $\frac{6}{5}$: la raison q est donc $\frac{6}{5}$, et l'on aura

$$S = \frac{2 \text{ f. } 50 \text{ c.} \times \left[\left(\frac{6}{5}\right)^9 - 1\right]}{\frac{6}{5} - 1} = 52 \text{ f.}$$

En formant la progression de proche en proche, et additionnant les 9 premiers termes, on trouverait

51 f. 99 c. ou 52 f.

766. On a

$n = 6 \quad a = 5$ f. $\quad u = 5120$ f. $\quad$ et $\quad S = 6825$ f.

Pour former la progression il faut connaître la raison q : or, de l'égalité

$$S - a = (S - u)\, q$$

que nous avons trouvée dans le numéro précédent, on tire

$$q = \frac{S - a}{S - u} = \frac{6825 \text{ f.} - 5 \text{ f.}}{6825 \text{ f.} - 5120 \text{ f.}} = \frac{6820 \text{ f.}}{1705 \text{ f.}} = 4$$

Les 6 premiers termes de la progression sont donc

5 f. 20 f. 80 f. 320 f. 1280 f. et 5120 f.

767. Quand on a deux termes consécutifs d'une progression croissante par quotient, en divisant le plus grand par le plus petit on obtient la raison : dans le problème proposé la raison est donc $\frac{110}{100}$ ou $\frac{11}{10}$. En formant la progression on trouve

100 f. 110 f. 121 f. 133 f. 1 c. 146 f. 41 c.
161 f.,051 177 f.,1561 et enfin 194 f.,87171

Le nombre des paiements est donc 8.

768. Le premier nombre demandé est la somme d'une progression par quotient, dont le premier terme est 1, la raison 2, et le nombre des termes 64.

L'égalité

$$S = \frac{a\,(q^n - 1)}{q - 1}$$

devient donc

$$S = \frac{1 \times (2^{64} - 1)}{2 - 1} \quad \text{ou} \quad S = 2^{64} - 1$$

(2^{64} est un produit où le nombre 2 entre 64 fois comme facteur.) Ce calcul fort long n'a du reste aucune difficulté.

On trouvera

18446744073709551615

Pour avoir le second nombre demandé, il faut diviser le nombre trouvé pour S par 25000000. Il est plus simple de diviser 4S par 4 fois 25000000 ou 100000000 : car la multiplication de S par 4 s'opère rapidement; il ne reste plus qu'à supprimer les 8 derniers chiffres sur la droite du produit (les décimales étant inutiles). On trouve ainsi 737869762948 mètres cubes.

Le dernier nombre demandé est la racine cubique de celui-ci. Comme on ne veut qu'une racine approchée, on peut l'obtenir facilement à l'aide des logarithmes.

Le logarithme de 7378 étant 3,8679387, le logarithme du nombre donné sera 3,8679387 + 8 ou 11,8679387. (On agit comme si les 8 derniers chiffres à droite étaient des zéros.)

Le tiers de ce logarithme, ou 3,9559795 est le logarithme de la racine cherchée, qui est par conséquent 9036 mètres ou 9 kilomètres et 36 mètres (à moins d'un mètre près).

QUESTIONS SUR LES INTÉRÊTS COMPOSÉS.

769. En suivant la règle énoncée, on aura pour résultat

$$\left(\frac{105}{100}\right)^6 \times 2400 \text{ f.}$$

La 6e puissance de la fraction $\frac{105}{100}$ est 1,340095...
En la multipliant par 2400 f. on trouve pour produit

3216f.,228... ou 3216 f. 23 c.

770. Le logarithme de 106 est	2,02530587
Si l'on en ôte le logarithme de 100, qui est 2, il reste	0,02530587
10 fois ce logarithme donne	0,2530587
Si l'on y ajoute le logarithme de 3600	3,5563025
la somme sera le logarithme du nombre cherché, ou	3,8093612

qui est celui de 6447 f. 5 c.

771. Remarquons que $\frac{106\frac{1}{4}}{100}$ revient à $\frac{425}{400}$.

Du logarithme de 425	2,62838893
si l'on retranche le logarithme de 400	2,60205999
il restera	0,02632894
Si l'on multiplie ce reste par $4\frac{7}{12}$ (d'année), on trouvera pour produit	0,1206743
Ajoutant le logarithme de 2840	3,4533183
on a pour le logarithme du nombre cherché	3,5739926

Ce logarithme est celui de 3749 f. 15 c.

772. Le logarithme de 105 est	2,02118930
Otant le logarithme de 100, il reste	0,02118930
Multipliant par 7, on a	0,14832510
Le logarithme de 1314,7 est	3,1188266
Si l'on en retranche	0,1483251
le reste sera le logarithme du nombre cherché	2,9705015

qui est par conséquent 934 f. 33 c.

773. Le logarithme de 3216 f. 23 c. est 3,5073470
Celui de 2400 f. est 3,3802112

La différence est donc 0,1271358

qui, divisée par 6, donne 0,0211893
En y ajoutant 2 on a 2,0211893
qui est le logarithme de 105 : le taux cherché est donc 5 p. 100.

774. Le logarithme de 3199 f. 40 c. est 3,5050685
Celui de 1500 f. est 3,1760913

Leur différence est donc 0,3289772

Le logarithme de 106 est 2,02530587. Diminué de 2, il devient 0,02530587 : le nombre d'années cherché est donc

$$\frac{0,3289772}{0,02530587} \text{ ou } \frac{32897720}{2530587}$$

c'est-à-dire 13 ans.

775. Si l'on appelle A le capital définitif, a le capital primitif, et n le nombre d'années, on aura, d'après la règle donnée dans le n. 770,

$$\log A = \log a + n \times [\log (105) - 2]$$

Mais, d'après l'énoncé, A est le double de a, et l'on a

$$\log A = \log a + \log 2$$

(Voyez l'*Arithmétique* de Reynaud, p. 212.)

Si l'on met pour log A cette valeur, et qu'on supprime log a dans les deux membres, il restera

$$\log 2 = n \times (\log 105 - 2)$$

Et, en divisant les deux membres par (log 105 — 2),

on aura enfin $\frac{\log 2}{\log 105 - 2} = n$

Or le logarithme de 2 est 0,30103000; le log de 105, diminué de 2, est 0,02118930.

Le quotient de ces deux logarithmes, ou $\frac{3010300}{211893}$ exprime le nombre d'années cherché : en opérant la division on trouve

14 ans 2 mois 14 jours et une fraction, c'est-à-d. 15 jours.

776. 1° Opérez comme au n. 770, en remplaçant le taux de 5 p. 100 par celui de $\frac{1}{2}$ p. 100, et le nombre d'années 6 par le nombre de mois 12.

Le log de 100 $\frac{1}{2}$ ou 100,5 est	2,0021661
Si on le diminue de 2, il devient	0,0021661
Multipliant par 12, on trouve	0,0259932
Ajoutant le log de 6000, qui est	3,7781513
on a pour le logarithme du nombre cherché	3,8041445

Ce logarithme est celui du nombre 6370,07 : les intérêts cherchés sont donc 370 f. 7 c.

2° Opérez encore de même, en remplaçant le taux de 5 p. 100 par celui de $\frac{1}{60}$ p. 100, et le nombre d'années 6 par le nombre de jours 360.

Le log de 100 $\frac{1}{60}$ ou $\frac{6001}{60}$ est égal à la différence entre le log de 6001 et le log de 60 (*Arithmétique* de Reynaud, p. 212), c'est-à-dire à 2,0000723

En le diminuant de 2, il reste	0,0000723
Multipliant par 360, on trouve	0,0260280
Ajoutant le log de 6000	3,7781513
on a pour le logarithme du nombre cherché	3,8041793

Ce logarithme est celui de 6370,58 : les intérêts cherchés sont donc 370 f. 58 c.

QUESTIONS SUR LES ANNUITÉS ET LES AMORTISSEMENTS.

—

777. On pourrait résoudre ce problème en calculant ce que deviennent 1000 f. à intérêts composés

1° pendant 5 ans,
2° pendant 4 ans,
3° pendant 3 ans,
4° pendant 2 ans,
5° pendant 1 an,

et en faisant la somme de ces 5 résultats.

D'après ce qui a été dit pour les intérêts composés, ces 5 résultats seraient $1000\text{f.}\left[\frac{100+5}{100}\right]^5$

$1000\text{f.}\left[\frac{100+5}{100}\right]^4$ $\quad$ $1000\text{f.}\left[\frac{100+5}{100}\right]^3$

$1000\text{f.}\left[\frac{100+5}{100}\right]^2$ $\quad$ $1000\text{f.}\left[\frac{100+5}{100}\right]$

En les écrivant dans un ordre inverse on formerait une progression par quotients, dont le 1er terme serait $1000\text{f.}\left[\frac{100+5}{100}\right]$, la raison $\left[\frac{100+5}{100}\right]$, et le nombre de termes 5.

En général, si l'on appelle *a* l'annuité, *t* le taux de l'intérêt, *n* le nombre d'années, et S la somme cherchée, S est la somme d'une progression par quotient, composée de *n* termes, dont le 1er terme est $a\times\left[\frac{100+t}{100}\right]$ et la raison $\left[\frac{100+t}{100}\right]$: on a donc (n. 765)

$$S=\frac{a\times\left[\frac{100+t}{100}\right]\times\left(\left[\frac{100+t}{100}\right]^n-1\right)}{\frac{100+t}{100}-1}$$

ou, en multipliant les deux termes de cette valeur par 100,

$$(1)\quad S=\frac{a\times[100+t]\times\left(\left[\frac{100+t}{100}\right]^n-1\right)}{t}$$

Dans le cas particulier qui nous occupe, cette expression devient

$$S=\frac{1000\text{ f.}\times[100+5]\times\left(\left[\frac{100+t}{100}\right]^5-1\right)}{5}$$

La 5e puissance de $\frac{105}{100}$ est 1,2762815625

Si l'on en retranche 1, il reste 0,2762815625

Il faudrait maintenant multiplier ce nombre par 105 ; mais, comme on devra ensuite diviser par 5, il est plus court de multiplier sur-le-champ par le quotient de 105 par 5, c'est-à-dire par 21,
on trouve 5,8019128125

Et, en multipliant par 1000, 5801,9128125

La somme cherchée est donc 5801 f. 91 c.

778. Si l'on applique les logarithmes à l'égalité (1), n. 777, elle devient

$$(2)\quad \log S = \log a + \log[100+t] + \log\left(\left[\frac{100+t}{100}\right]^n - 1\right) - \log t$$

On pourra calculer $\left[\frac{100+t}{100}\right]^n$ par les logarithmes en observant que

$$\log\left[\frac{100+t}{100}\right]^n = n \times (\log[100+t] - 2)$$

Dans le cas particulier qui nous occupe, on a

$$a = 100 \text{ f.} \qquad t = 6 \qquad n = 10$$

on aura donc d'abord

$$\log\left[\frac{100+6}{100}\right]^{10} = 10 \times (\log[100+6] - 2)$$
$$= 0,2530587$$

Le nombre qui correspond à ce logarithme est 1,7908

Si l'on retranche 1 de ce nombre, il reste 0,7908

dont le logarithme est	$\bar{1}$,8980667
Le log de 106 est	2,02530587
Le log de 100 est	2
La somme de ces 3 logarithmes est donc	3,92337257
Si l'on en retranche le log de 6	0,77815125
le reste	3,14522132

sera le logarithme du nombre cherché.

Ce nombre est donc 1397 f. 08 c.

779. On a $a = 100$ f, $t = \frac{1}{2}$ $n = 12$

donc

$$\text{l.S} = \text{l.}100 + \text{l.}\left[100 + \frac{1}{2}\right] + \text{l.}\left(\left[100 + \frac{1}{2}\right]^{12} - 1\right) - \text{l.}\frac{1}{2}$$

Déterminons d'abord le 3ᵉ terme.

Le log de $\left[100 + \frac{1}{2}\right]$ ou de 100,5 est	2,0021661
Retranchant le log de 100, ou 2, il reste	0,0021661
Multipliant par 12, on trouve	0,0259932
Ce logarithme appartient au nombre	1,0616
Retranchant 1, il reste	0,0616
dont le logarithme est	$\bar{2}$,78958071
Ajoutez maintenant le log de 100,5	2,0021661
puis le log de 100	2
la somme sera	2,79174681
Retranchez ensuite le log de $\frac{1}{2}$, ce qui revient à ajouter le log de 2	0,30103000
la somme	3,09277681

sera le logarithme du nombre cherché : ce nombre est donc 1238 f. 16 c.

780. De l'égalité (2) [n°. 778] on déduit

$$\log a = \log S + \log t - \log[100+t] - \log\left(\left[\frac{100+t}{100}\right]^n - 1\right)$$

Dans le cas particulier qui nous occupe, on a

$S=5000$ f. $t=5$ $n=5$

On aura donc d'abord log 5000	3,6989700
plus log de 5	0,6989700
égale	4,3979400

Faisons maintenant la somme es termes soustractifs.

On a log [100 + 5] =	2,02118930
Pour obtenir le dernier terme, du log de [100 + 5] retranchez le log de 100 ou 2, il reste	0,02118930
Multipliez par 5, il vient	0,10594650
Ce logarithme appartient au nombre	1,2762
Retranchez 1, il reste	0,2762
dont le logarithme est	$\bar{1}$,4412237
Ajoutez maintenant	2,0211893
la somme	1,4624130
est celle des logarithmes qu'il faut soustraire de 4,3979400 : la différence est	2,935527

qui est le logarithme de 862,039.

Il faudrait donc placer annuellement 862 f. 04 c.

781. La somme S doit être égale au capital définitif que produit la dette A placée pendant le temps donné à intérêts composés : or on sait que ce capital

définitif est $A \times \left[\frac{100+t}{100}\right]^n$ On aura donc [n. 777]

$$A \times \left[\frac{100+t}{100}\right]^n = \frac{a \times [100+t] \times \left(\left[\frac{100+t}{100}\right]^n - 1\right)}{t}$$

En divisant les deux membres par le facteur qui multiplie a dans le second, il viendra

$$a = \frac{A \times t \times \left[\frac{100+t}{100}\right]^n}{[100+t] \times \left(\left[\frac{100+t}{100}\right]^n - 1\right)}$$

ou, en appliquant les logarithmes,

$$(3)\quad \log a =$$

$$\mathrm{l.}A + \mathrm{l.}t + n(\mathrm{l.}[100+t] - 2) - \mathrm{l.}[100+t] - \mathrm{l}\left(\left[\frac{100+t}{100}\right]^n - 1\right)$$

Dans le cas particulier du problème on a

$A = 5000$ f. $\quad t = 5 \quad n = 5$

Le log de 5000 est	3,6989700
Le log de 5 est .	0,6989700
Le log de 100 + 5 étant 2,02118930, si on le diminue de 2 il restera 0,02118930, qui, multiplié par 5, donne	0,1059465
La somme des 3 premiers termes est donc	4,5038865

Le logarithme de 105, diminué de 2 et multiplié par 5, étant 0,1059465, appartient au nombre 1,2762 : si l'on en retranche 1 il reste 0,2762, dont le logarithme est $\overline{1},4412237$

Ajoutant le log de 105 2,0211893

on a pour somme 1,4624130

Ce nombre doit être retranché de 4,5038865

et l'on a pour reste 3,0414735

qui est le logarithme du nombre cherché : ce nombre est donc 1100 f. 20 c.

782. Si dans l'égalité (2) [n. 778] on fait

$a = 2000$ f. $\quad n = 5 \quad$ et $\quad t = 5$

elle deviendra

$$\log S = \log 2000 f. + \log 105 + \log\left(\left[\frac{105}{100}\right]^5 - 1\right) - \log 5$$

Or log 2000 = 3,3010300

Log 105 = 2,0211893

$\text{Log}\left(\left[\frac{105}{100}\right]^5 - 1\right) =$ $\overline{1},4412237$

[ainsi qu'on l'a trouvé dans le numéro précédent].

La somme de ces 3 logarithmes est 4,7634430

Retranchant le log de 5 0,6989700

il reste 4,0644730

Ce logarithme est celui du nombre 11600,40 : on aurait donc, au bout de 5 ans, payé 11600 f. 40 c. Mais la dette primitive, 12000 f., serait devenue dans ce même temps $12000 f. \left[\frac{105}{100}\right]^5$

Le logarithme de cette quantité est

$$\log 12000 + 5\,[\log 105 - 2]$$

Or $\log 12000 = 4{,}07918125$

et $5\,[\log 105 - 2] = 0{,}10594650$ (comme on l'a trouvé dans le numéro précédent). La somme de ces deux logarithmes est 4,18512775, qui est le log. de 15315,37 : la dette est donc devenue 15315 f. 37 c.
Si l'on en retranche la somme payée 11600 40

on trouve 3714 f. 97 c.
pour le restant de la dette.

783. L'égalité (1) [n. 727] donne, en divisant les deux membres par $a\,[100+t]$, les multipliant par t, et ajoutant 1 à chacun,

$$\frac{S \times t}{a\,[100+t]} + 1 = \left[\frac{100+t}{100}\right]^n$$

et, si l'on prend le logarithme des deux membres,

$$\log\left(\frac{S \times t}{a[100+t]} + 1\right) = n \times \log\left[\frac{100+t}{100}\right]$$

Et si l'on divise les deux membres par $\log\left[\frac{100+t}{100}\right]$

on aura

$$n = \frac{\log\left(\frac{S \times t}{a\,[100+t]} + 1\right)}{\log\left[\frac{100+t}{100}\right]}$$

Dans le problème proposé, la *dotation* remplace l'annuité, et la *dette* remplace la somme S : on aura donc

13.

$$n = \frac{\log\left(\frac{100000000 \times 5}{1000000 \times 105} + 1\right)}{\log\left(\frac{105}{100}\right)}$$

ou $$n = \frac{\log\left(\frac{500000000 + 105000000}{105000000}\right)}{\log\left(\frac{105}{100}\right)}$$

ou $$n = \frac{\log 605000000 - \log 105000000}{\log 105 - 2}$$

Or log 605000000 =	8,78175537
Log 105000000 =	8,02118930
La différence est donc	0,76056607
Log 105 — 2 =	0,02118930

On a donc

$n = \frac{0,76056607}{0,02118930} = \frac{76056607}{2118930} =$ 35 ans 10 mois et un peu plus de 21 jours, c'est-à-dire 22 jours.

QUESTIONS RELATIVES AUX RENTES VIAGÈRES, AUX ASSURANCES SUR LA VIE DES HOMMES, ET AUX TONTINES.

784.

Si du nombre des survivants de 36 ans 397123
on retranche celui des survivants de 37 ans 390210

la différence 6913

indiquera, pour la durée de l'année, le nombre des morts sur 397123 vivants : le quotient $\frac{397123}{6913}$ indiquera donc combien à cet âge il y a de survivants pour un mort. On trouve 57 et une fraction, c'est-à-dire de 57 à 58.

785.

Le nombre des survivants de 25 ans étant 471366
et celui des survivants de 26 ans étant 464863

la différence est 6503

Si l'on divise 471366 par 6503, on trouve pour quotient 72 et une fraction : la chance de vie est donc de 72 à 73 contre 1.

786.

Le nombre des survivants de 40 ans étant	369404
et celui des survivants de 60 ans	213567

on peut poser la proportion

$$369404 : 213567 :: 400 : x, \quad \text{d'où } x = \frac{213567 \times 400}{369404}$$

On trouve pour quotient 231 et une petite fraction : ainsi, sur 400 personnes âgées de 40 ans, 231 atteindront 60 ans.

787.

Le nombre des vivants de 32 ans étant	424583
la moitié de ce nombre	212291

prendrait rang dans la table de mortalité entre 60 et 61 ans, mais plus près de 60 : une personne âgée de 32 ans peut donc espérer vivre jusqu'à 60.

788.

Le nombre des vivants de 50 ans est	297070
dont la moitié est	148535

Ce nombre prendrait rang dans la table entre 66 et 67 ans : une personne de 50 ans peut donc espérer vivre encore de 16 à 17 ans.

789. Il s'agit de trouver dans la table quel est le nombre qui est le plus éloigné de sa moitié. Quelques tâtonnements suffiront pour faire voir que, de 4 à 6 ans, c'est-à-dire vers 5 ans, on peut espérer vivre encore un peu plus de 45 ans ; avant 4 ans et au delà de 6 ce nombre diminue.

790. Il faut trouver dans la table un âge tel, que,

si l'on prend la moitié du nombre de survivants qui y correspond, l'âge qui correspondra dans la table à cette moitié soit au premier âge comme 3 est à 2. Après quelques essais on trouvera de 42 à 43 ans, âge auquel on peut espérer de vivre jusqu'à 64.

791. Il s'agit de trouver dans la table un nombre de survivants qui se trouve à un rang également éloigné de sa moitié et de 1000000. Le nombre 438183, qui correspond à 30, satisfait à cette condition : car, sa moitié, 219091, correspond à peu près à 60.

792. Le nombre des survivants de 45 ans étant 334072, et la moitié de ce nombre, 167036, correspondant à peu près à 65 ans, cette personne peut espérer vivre encore 20 ans. Il s'agit maintenant de calculer l'annuité d'après l'égalité (3) [n. 781], dans laquelle on a $A = 30000$ f. $t = 5$ et $n = 20$

On aura donc

$$\log a =$$

$$1.30000 + 1.5 + 20[1.105 - 2] - 1.105 - 1.\left\{\left(\frac{105}{100}\right)^{20} - 1\right\}$$

$$\text{ou } \log a = 4,4771213 + 0,69897 + 0,423786 - 2,0211893 - 0,2182965$$

$$\text{ou } \log a = 3,3603915 \quad \text{d'où } a = 2292 \text{ f. } 93 \text{ c.}$$

793. Posez la proportion

$$100 : 100 - 12 :: 2292 \text{ f. } 93 \text{ c.} : x$$

$$\text{d'où l'on tire } x = \frac{2292 \text{ f. } 93 \text{ c.} \times 88}{100} = 2017 \text{ f. } 55 \text{ c.}$$

794. Le nombre des survivants de 60 ans étant

213567, la moitié de ce nombre, ou 106783, correspond à peu près à 71 ans : il y a donc chance pour 11 ans de vie. Il s'agit de calculer S dans l'égalité (2) [n. 778], ayant $a=1000$ f. $t=5$ et $n=11$.

On aura donc

$$\log S = \log 1000 + \log 105 + \log \left\{ \left(\frac{105}{100}\right)^{11} - 1 \right\} - \log 5$$

$$\text{ou } \log S = 3 + 2{,}0211893 + \bar{1}{,}8514601 - 0{,}69897$$

$$\text{ou } \log S = 4{,}1736794$$

d'où S = 14916 f. 96 c. ou 14917 f.

Si l'on retient 15 p. 100, posez la proportion

$$100 : 100 - 15 :: 14917\text{ f.} : x$$

$$\text{d'où l'on tire } x = \frac{14917\text{ f.} \times 85}{100} = 12679\text{ f. } 45\text{ c.}$$

795. 1000 f. placés pendant 20 ans à intérêts composés deviendraient $1000 \left(\frac{105}{100}\right)^{20}$; le logarithme de cette somme serait

$$\log 1000 + 20 [\log 105 - 2] \quad \text{ou} \quad 3{,}4237860$$

Ce logarithme est celui du nombre 2653,29.

1000 f. au bout de 20 ans deviendraient donc 2653 f. 29 c. Mais le nombre des survivants de 20 ans étant 502216, on voit que la moitié seulement des enfants nouveaux nés a chance d'atteindre l'âge de 20 ans : la société doit donc doubler la somme ci-dessus, et payer 5306 f. 58 c.

796. La différence des deux sommes étant 1648 f. 60 c., posez la proportion

$$5306\text{ f. }60\text{ c.} : 1648\text{ f. }60\text{ c.} :: 100 : x$$

d'où $x = \dfrac{1648\text{ f. }60\text{ c.} \times 100}{5306{,}60}$ ou $x = 31$

[en négligeant les centièmes].

797. Pour savoir ce que deviendrait une somme de 1000 f. placée pendant 18 ans à intérêts composés, on a

$$\log A = 3 + 18\,[\log 105 - 2] = 0{,}3814074$$

Ce logarithme est celui de 2406,62 : donc

$$A = 2406\text{ f. }62\text{ c.}$$

Mais le nombre des survivants de 7 ans étant 565838
et celui des survivants de 25 ans 471366
la somme A doit être augmentée dans le rapport du second nombre au premier, et l'on a la proportion

$$471366 : 565838 :: 2406\text{ f. }62\text{ c.} : x$$

On tire de là

$$x = \frac{2406\text{ f. }62\text{ c.} \times 565838}{471366} = 2888\text{ f. }96\text{ c.}$$

798. Le revenu de chacun sera doublé, triplé, quadruplé, quintuplé, quand le nombre des survivants sera réduit à la moitié, au tiers, au quart, au cinquième. Or, le nombre des vivants de 45 ans étant 334072, la moitié de ce nombre ou 167036 correspond à peu près à l'âge de 65 ans : il faudra donc 20 ans pour que le revenu de chacun soit doublé.

Le tiers de 334072 étant 111357, et ce nombre correspondant à peu près à l'âge de 71 ans, on voit qu'il faudra 71 — 45 ou 26 ans pour que le revenu soit triplé.

Le quart de 334072 est 83518, et correspond à l'âge de 74 ans : il faudra donc 29 ans pour que le revenu soit quadruplé.

Enfin le cinquième de 334072 étant 66815, qui correspond à l'âge de 76 ans, il faudra 76 — 45 ou 31 ans pour que le revenu de chacun soit quintuplé.

Ces résultats sont indépendants du nombre de personnes associées.

799.

Le nombre des survivants de 36 ans étant 397123
et celui des survivants de 60 ans 213567

pour savoir quel sera sur 18 personnes de 36 ans le nombre des survivants de 60, on peut poser la proportion 397123 : 213567 :: 18 : x

$$\text{d'où} \quad x = \frac{18 \times 213567}{397123}$$

Le quotient est à peu près 10 : en admettant cette valeur, chaque survivant de 60 ans touchera le 10e du fonds social, c'est-à-dire $\frac{6000 \text{ f.} \times 18}{10}$ ou 10800 f.

800. Le fonds social est 5000 f. × 40 ou 200000 f. Pour savoir ce que ce fonds deviendra au bout de 20 ans, on a l'égalité

$$\log A = \log 200000 + 20 [\log 106 - 2]$$

$$\text{ou } \log A = 5{,}3010300 + 0{,}50611740 = 5{,}8071474$$

Ce logar. est celui de 641427 : donc. $A = 641427$ f.

Or, le nombre des survivants de 40 ans étant 369404
et celui des survivants de 60 213567

pour savoir quel sera sur 40 personnes le nombre des survivants de 60, on peut poser la proportion

369404 : 213567 :: 40 : x

d'où $x = \frac{40 \times 213567}{369404}$

Le quotient est à peu près 23 : la part de chaque survivant sera donc $\frac{641427 \text{ f.}}{23}$, c'est-à-dire 27887 f. 83 c. ou 27888 f.

QUESTIONS SUR LES NOMBRES FIGURÉS.

801. D'après la règle donnée, il en faut

$$\frac{25 \times 26}{2} \text{ ou } 325$$

802. D'après la règle donnée, il y en a

$$\frac{15 \times 16 \times 17}{6} \text{ ou } 680$$

803. Il y en a

$$25 \times 25 \text{ ou } 625$$

804. D'après la règle donnée, il y en a

$$\frac{12 + 3 \times 12 \times 12 + 2 \times 12 \times 12 \times 12}{6}$$

En effectuant le calcul, on trouve 650.

805. On peut séparer une pile carrée de 10 boulets par côté : cette pile contiendra un nombre de boulets marqué par

$$\frac{10 + 3 \times 100 + 2 \times 1000}{6} \quad \text{ou} \quad 385$$

Le nombre triangulaire que présente la petite face contient un nombre de boulets marqué par

$$\frac{10 \times 11}{2} \quad \text{ou} \quad 55$$

En multipliant ce nombre par l'excès 5 du grand côté de la base sur le petit, on trouve 275
Ce nombre, ajouté au nombre déjà trouvé 385

donne pour somme 660

806. La 1re pile contient un nombre de boulets marqué par $\frac{20 \times 21 \times 22}{6}$ ou 1540

La 2e en contient $\frac{30 \times 31 \times 32}{6}$ ou 4960

La 3e $\frac{15 + 3 \times 15 \times 15 + 2 \times 15 \times 15 \times 15}{6}$ ou 1240

La 4e $\frac{22 + 3 \times 22 \times 22 + 2 \times 22 \times 22 \times 22}{6}$ ou 3795

La 5e contient d'abord une pile carrée de 17 boulets de côté, c'est-à-dire

$$\frac{17 + 3 \times 17 \times 17 + 2 \times 17 \times 17 \times 17}{6} \quad \text{ou} \quad 1785$$

Plus 11 fois le nombre triangulaire que présente la petite face, c'est-à-dire 11 fois

$$\frac{17 \times 18}{2} \quad \text{ou} \quad 1683$$

Le nombre total des boulets est donc 15003

807. Si du nombre de boulets contenus dans une pyramide triangulaire de 12 boulets de côté, c'est-à-dire de $\frac{12 \times 13 \times 14}{6}$ ou 364

on retranche le nombre de boulets contenus dans une pyramide triangulaire de 4 boulets de côté, c'est-à-dire $\frac{4 \times 5 \times 6}{6}$ ou 20

le reste sera le nombre de boulets cherché 344

808. On a trouvé au n. 804 que le nombre de boulets contenus dans une pyramide carrée de 12 boulets de côté était 650

Si de ce nombre on retranche le nombre de boulets contenus dans une pyramide carrée de 5 boulets de côté, c'est-à-dire

$$\frac{5 + 3 \times 5 \times 5 + 2 \times 5 \times 5 \times 5}{6}$$ ou 55

le reste sera le nombre de boulets cherché 595

QUESTIONS SUR LES PERMUTATIONS ET LES COMBINAISONS.

809. Le nombre demandé est

$10 \times 9 \times 8 \times 7 \times 6$ ou 30240

810. On en peut faire $12 \times 11 \times 10$ ou 1320

811. On en peut faire $6 \times 5 \times 4 \times 3 \times 2 \times 1$ [car l'excès de 6 sur 6 étant 0, le facteur immédiatement supérieur à cet excès est 1]. Le produit de ces 6 facteurs est 720.

812. Le nombre des permutations possibles est

$8 \times 7 \times 6 \times 5 \times 4 \times 3 \times 2 \times 1$ ou 40320.

Et 40320 minutes font 672 heures ou 28 jours.

813. Le nombre cherché est donc

$$\frac{10 \times 9 \times 8 \times 7 \times 6}{2 \times 3 \times 4 \times 5}$$

ou, en supprimant les facteurs communs,

$9 \times 4 \times 7$ ou 252

814. Le nombre des mélanges 2 à 2 sera

$\frac{5 \times 4}{2}$ ou 10

Le nombre des mélanges 3 à 3 sera

$\frac{5 \times 4 \times 3}{2 \times 3}$ ou 10

Celui des mélanges 4 à 4 $\frac{5 \times 4 \times 3 \times 2}{2 \times 3 \times 4}$ ou 5

Enfin il y aura le mélange des 5 couleurs ou 1

Le nombre total des mélanges sera donc 26

815. 4 couleurs prises 1 à 1 donnent 4 combinaisons

Prises 2 à 2 elles en donnent $\frac{4 \times 3}{2}$ ou 6

Prises 3 à 3 elles en donnent $\frac{4 \times 3 \times 2}{2 \times 3}$ ou 4

Ajoutez la combinaison des 4 couleurs ensemble ou 1

Le nombre total de ces combinaisons sera 15

[En mélangeant à ces 15 combinaisons de couleurs une 5e couleur, on formerait 15 des 26 mélanges désignés dans le numéro précédent, et cette couleur n'entrerait pas dans les 11 autres mélanges.]

816. Le nombre des combinaisons qu'on peut faire avec les 8 ouvriers pris 3 à 3 est $\frac{8 \times 7 \times 6}{2 \times 3}$ ou 56.

817. Le nombre des permutations qu'on peut faire avec les 6 couleurs prises 3 à 3 est $6 \times 5 \times 4$ ou 120.

818. Le nombre des combinaisons qu'on peut faire avec ces 6 couleurs prises 3 à 3 est $\frac{6 \times 5 \times 4}{2 \times 3}$ ou 20.

819. Le nombre des combinaisons qu'on peut faire avec les 15 rubans pris 3 à 3 est $\frac{15 \times 14 \times 13}{2 \times 3}$ ou 455.

Le 5e de ce nombre est 91 : l'opération emploiera donc 91 minutes ou 1 heure 31 minutes.

820. Le nombre des combinaisons qu'on peut faire avec les 5 chevaux pris 3 à 3 est $\frac{5 \times 4 \times 3}{2 \times 3}$ ou 10 : il y a donc 10 à parier contre 1 que le groom se trompera.

QUESTIONS SUR LA LOTERIE.

821.

Sur 5 numéros, le nombre des extraits est			5
le nombre des ambes est	$\frac{5 \times 4}{2}$	ou	10
le nombre des ternes est	$\frac{5 \times 4 \times 3}{2 \times 3}$	ou	10
le nombre des quaternes est	$\frac{5 \times 4 \times 3 \times 2}{2 \times 3 \times 4}$	ou	5

822.

Sur 90 numéros, le nombre des extraits est			90
le nombre des ambes est	$\frac{90 \times 89}{2}$	ou	4005
le nombre des ternes est	$\frac{90 \times 89 \times 88}{2 \times 3}$	ou	117480

le nombre des quaternes est

$$\frac{90 \times 89 \times 88 \times 87}{2 \times 3 \times 4} \text{ ou } 2555190$$

823. La chance était de 5 sur 90 ou de 1 sur $\frac{90}{5}$, c'est-à-dire sur 18.

824. La chance était de 1 sur $\frac{4005}{10}$ ou 400,5

825. La chance était de 1 sur $\frac{117480}{10}$ ou 11748

826. La chance était de 1 sur $\frac{2555190}{5}$ ou 511038

827. Puisque sur 18 elle gagnait 3, on peut poser la proportion

$$18 : 3 :: 100 : x \qquad \text{d'où} \quad x = \frac{300}{18} = 16,66$$

Elle gagnait donc de 16 à 17 p. 100.

828. Posez la proportion

$$400,5 : 400,5 - 270 :: 100 : x$$

$$\text{d'où} \quad x = \frac{130,5 \times 100}{400,5} \quad \text{ou} \quad x = 32,58$$

Elle gagnait donc de 32 à 33 p. 100.

829. Posez la proportion

$$11748 : 11748 - 5500 :: 100 : x$$

$$\text{d'où} \quad x = \frac{6248 \times 100}{11748} \quad \text{ou} \quad x = 53,18$$

Elle gagnait donc de 53 à 54 p. 100.

830. Posez la proportion

$$511038 : 511038 - 75000 :: 100 : x$$

$$\text{d'où l'on tire} \quad x = \frac{436038 \times 100}{511038} = 85,32$$

Elle gagnait donc de 85 à 86 p. 100.

831. Il gagne 15 f. ; sa mise était de 30 f. : il a donc perdu 15 f.

832. Il gagne 1 ambe ou 270 f.
2 extraits ou 30

	Total	300 f.
Sa mise était de		30
Il gagne donc		270 f.

833. Il gagne 1 terne ou 5500 f.

plus $\frac{3 \times 2}{2}$ ou 3 ambes, c'est-à-dire

3 fois 270 f. ou		810
plus 3 extraits ou 3 fois 15 f.		45
	Total	6355 f.
Retranchant de cette somme sa mise		30
	il reste	6325 f.

834. Il gagne 1 quaterne ou 75000 f.

plus $\frac{4 \times 3 \times 2}{2 \times 3}$ ou 4 ternes, c'est-à-dire

4 fois 5500 f. ou 22000

plus $\frac{4 \times 3}{2}$ ou 6 ambes, c'est-à-dire

6 fois 270 f. ou 1620

plus 4 extraits ou 4 fois 15 f. 60

Total 98680 f.

Retranchant de cette somme sa mise 30

il reste 98650 f.

835. Il gagne $\frac{5 \times 4 \times 3 \times 2}{2 \times 3 \times 4}$ ou 5 quaternes, c'est-à-dire 5 fois 75000 f. ou 375000 f.

plus $\frac{5 \times 4 \times 3}{2 \times 3}$ ternes ou 10 ternes,

c'est-à-dire 10 fois 5500 f. ou 55000

plus $\frac{5 \times 4}{2}$ ambes ou 10 ambes, c'est-à-dire 10 fois 270 f. 2700

enfin 5 extraits ou 5 fois 15 f. 75

Total 432775 f.

Retranchant sa mise 30

il reste 432745 f.

836. Le joueur eût reçu

1°	5 fois	511038 f.	ou	2555190 f.
2°	10	11748	ou	117480
3°	10	400,f.5	ou	4005
4°	5	18 f.	ou	90
			Total	2676765 f.
Retranchant sa mise				30
			il reste	2676735 f.

837. Posez la proportion

$$100 : 16,17 :: 30 \text{ f.} : x$$

d'où $x = \frac{16,17 \times 30 \text{ f.}}{100}$ ou $x = 4$ f. 85 c.

QUESTIONS SUR LES PRIMES.

838. L'intérêt de 50000000 f. à 5 p. 100 est la 20e partie de cette somme ou 2500000 f.
Si l'on ajoute le montant des primes ou 250000
le total sera l'intérêt réel ou 2750000 f.

Pour savoir à quel taux cet intérêt correspond, posez la proportion

$$50000000 \text{ f.} : 2750000 \text{ f.} :: 100 : x$$

d'où l'on tire $x = \frac{275 \text{ f.}}{50} = 5,5$ ou 5 et demi

839. Pour la prime de 10000 f. la chance est de 10 sur 25000 ou de 1 sur 2500.

Pour la prime de 1000 f. la chance est de 50 sur 25000 ou de 1 sur 500.

Pour la prime de 500 f. la chance est de 200 sur 25000 ou de 1 sur 125.

840. D'après ce qui vient d'être dit, la chance, pour le porteur du coupon, de gagner une prime de 10000 f. peut être estimée $\frac{10000 \text{ f.}}{2500}$ ou 4 f.; la chance de gagner une prime de 1000 f. peut être estimée $\frac{1000 \text{ f.}}{500}$ ou 2 f., et la chance de gagner une prime de 500 f. peut être estimée $\frac{500 \text{ f.}}{125}$ ou 4 f. Ces trois chances réunies représentent donc une valeur de 4 f. + 2 f. + 4 f. ou 10 f.; en sorte que le porteur du coupon peut être considéré comme possesseur d'une rente de 110 f., qui, à 5 p. 100, représente un capital de 2200 f.

La valeur d'un coupon de 100 f. de rente ordinaire à 5 p. 100, au cours de 105 f. 50 c., est donnée par la proportion

$$5 : 105,50 :: 100 : x$$

d'où l'on tire $x = \frac{105,50 \times 100}{5} =$ 2110

La différence de valeur des deux coupons est donc 90 f.

841. Elle a gagné 150 fois la prime de 50 f., c'est-

à-dire 50 f. × 150 ou	7500 f.
plus 15 fois la prime de 1000 f. ou	15000
plus une fois la prime de 20000 f., c'est-à-dire	20000
Total	42500 f.

842. Puisque les 75000 f. représentent une remise de 10 p. 100 sur la totalité de la vente, il faut que cette vente s'élève à 10 fois 75000 f. ou à 750000 f.

843. Chaque billet de prime a pour valeur le 10e de 5 f., c'est-à-dire 50 c. ou la moitié de 1 f. : pour couvrir la prime de 75000 f., il en faut donc 2 fois 75000, c'est-à-dire 150000.

844. La valeur du billet de prime est en raison inverse du nombre des billets : on a donc, en appelant x la nouvelle valeur qu'acquerrait le billet de prime,

$$500000 : 150000 :: 50 \text{ c.} : x \quad \text{d'où} \quad x = 15 \text{ c.}$$

La valeur du billet de prime aurait donc baissé de 35 c.

845. Leur bénéfice serait de 35 c. par chaque billet de prime jeté en circulation. Or le nombre de ces billets est 500000 : le bénéfice cherché serait donc 35 c. × 500000 ou 175000 f.

846. Appelons x la nouvelle valeur du billet de prime ; on aura 600000 : 150000 :: 50 c. : x, puisque la valeur de chaque billet est en raison inverse du nombre des billets : on tire de là $x = \frac{50 \text{ c.} \times 15}{60}$ $= 12 \text{ c.} \frac{1}{2}$: le bénéfice des marchands serait donc

de 50 c. — 12 c. $\frac{1}{2}$, c'est-à-dire 37 c. $\frac{1}{2}$ par chaque billet mis en circulation. Or le nombre de ces billets est 500000 : le bénéfice serait donc 37 c. $\frac{1}{2} \times 500000$ ou $\frac{75 \text{ c.} \times 500000}{2}$ ou enfin 187500 f.

Si de ce bénéfice on retranche les 175000

trouvés dans le numéro précédent,

le reste 12500 f.

sera le surcroît cherché.

847. Si un billet de prime à 50 c. remplace une remise de 10 p. 100, le même billet vendu à moitié prix remplacera une remise double, c'est-à-dire de 20 p. 100. En général le prix du billet sera en raison inverse de la remise correspondante : on aura donc

35 c. : 50 c. :: 10 de remise : x de remise.

On tire de là $x = \frac{50 \text{ c.} \times 10}{35} = 14$ p. 100 environ.

Le libraire fait donc à l'agent une remise de 20 p. 100, et celui-ci fait à l'acheteur une remise de 14 p. 100.

QUESTIONS SUR LE JEU DE DÉS.

848. Chaque face de l'un des dés pouvant être com-

binée avec les six faces de l'autre, le nombre des chances égales est 6 fois 6 ou 36.

849. Chacun des 36 coups que présentent les deux premiers dés pouvant être combiné avec les six faces du troisième dé, le nombre des chances égales est 6 fois 36 ou 216.

850. Chacun des 216 coups que présentent les trois premiers dés pouvant être combiné avec les six faces du quatrième dé, le nombre des chances égales est 6 fois 216 ou 1296.

851. 3 fois 36 ou 108.

852. 4 fois 216 ou 864.

853. On peut former le tableau suivant; la ligne supérieure indique les points de l'un des dés, et la ligne inférieure les points de l'autre :

1	2	3	4	5	6
6	5	4	3	2	1

en tout 6 manières.

854. Il faut parier 6 contre 36 — 6, c'est-à-dire 6 contre 30 ou 1 contre 5.

855. Il faut parier 12 contre 36 — 12, c'est-à dire 12 contre 24 ou 1 contre 2.

856. Il faut parier 18 contre 36 — 18, c'est-à-dire 18 contre 18 ou 1 contre 1.

857. Sur 36 coups de 2 dés il est probable que le nombre 7 viendra 6 fois : il est donc probable qu'il viendra une fois sur 6.

858. Formez le tableau suivant :

1er dé.	1	1	1	1	1	2	2	2	2	3	3	3	4	4	5
2e	1	2	3	4	5	1	2	3	4	1	2	3	1	2	1
3e	5	4	3	2	1	4	3	2	1	3	2	1	2	1	1

en tout 15 manières.

859. Il faut parier 15 contre 216 — 15, c'est-à-dire 15 contre 201 ou 5 contre 67.

860. Il faut parier 3 fois 15 ou 45 contre 216 — 45 ou 171, c'est-à-dire 5 contre 19.

861. Sur 216 coups il est probable que le nombre 7 viendra 15 fois : il est donc probable qu'il viendra 1 fois en un nombre de coups marqué par $\frac{216}{15}$ ou $14\frac{4}{10}$, c'est-à-dire en 14 ou 15 coups.

862. Formez le tableau suivant :

1er dé.	1	1	2
2e	1	2	1
3e	2	1	1

en tout 3 manières.

863. Il faut parier 3 contre 216 — 3 ou 213, c'est-à-dire 1 contre 71.

864. Le nombre 4 pouvant venir de 3 manières, et le nombre 7 de 15 manières, il faut parier 3 pour le 1er et 15 pour le 2e, ou, ce qui revient au même, 1 pour le 1er et 5 pour le 2e.

865. Le nombre 3 ne peut être amené que d'une manière; le nombre 4 peut être amené de 3 manières; le nombre 5 peut être amené de 6 manières.

1 1 1 2 2 3
1 2 3 1 2 1
3 2 1 2 1 1

Le nombre 6 peut être amené de 10 manières.

1 1 1 1 2 2 2 3 3 4
1 2 3 4 1 2 3 1 2 1
4 3 2 1 3 2 1 2 1 1

Le nombre 7 peut être amené de 15 manières : il faut donc que les enjeux soient 1, 3, 6, 10, 15.

866. Pour le nombre 3, la chance est 1.
Pour le nombre 4, 3.
Pour le nombre 5, 6.
Pour le nombre 6, 10.
Pour le nombre 7, 15.

Pour tous les nombres la chance est égale au nombre de manières dont ce nombre peut être amené.

Le nombre 8 peut être amené de 21 manières.

1 1 1 1 1 1 2 2 2 2 2 3 3 3 3 4 4 4 5 5 6
1 2 3 4 5 6 1 2 3 4 5 1 2 3 4 1 2 3 1 2 1
6 5 4 3 2 1 5 4 3 2 1 4 3 2 1 3 2 1 2 1 1

La chance pour ce nombre est donc 21.

Le nombre 9 peut être amené de 25 manières.

1 1 1 1 1 2 2 2 2 2 2 3 3 3 3 3 4 4 4 4 5 5 5 6 6
2 3 4 5 6 1 2 3 4 5 6 1 2 3 4 5 1 2 3 4 1 2 3 1 2
6 5 4 3 2 6 5 4 3 2 1 5 4 3 2 1 4 3 2 1 3 2 1 2 1

La chance pour ce nombre est donc 25.

Le nombre 10 peut être amené de 27 manières.

1 1 1 1 2 2 2 2 2 3 3 3 3 3 3 4 4 4 4 4 5 5 5 5 6 6 6
3 4 5 6 2 3 4 5 6 1 2 3 4 5 6 1 2 3 4 5 1 2 3 4 1 2 3
6 5 4 3 6 5 4 3 2 6 5 4 3 2 1 5 4 3 2 1 4 3 2 1 3 2 1

La chance pour ce nombre est donc 27.

Le nombre 11 peut être amené de 27 manières.

1 1 1 2 2 2 2 3 3 3 3 3 4 4 4 4 4 4 5 5 5 5 5 6 6 6 6
4 5 6 3 4 5 6 2 3 4 5 6 1 2 3 4 5 6 1 2 3 4 5 1 2 3 4
6 5 4 6 5 4 3 6 5 4 3 2 6 5 4 3 2 1 5 4 3 2 1 4 3 2 1

La chance pour ce nombre est donc 27.

Le nombre 12 peut être amené de 25 manières.

1 1 2 2 2 3 3 3 3 4 4 4 4 4 5 5 5 5 5 5 6 6 6 6 6
5 6 4 5 6 3 4 5 6 2 3 4 5 6 1 2 3 4 5 6 1 2 3 4 5
6 5 6 5 4 6 5 4 3 6 5 4 3 2 6 5 4 3 2 1 5 4 3 2 1

La chance pour ce nombre est donc 25.

Le nombre 13 peut être amené de 21 manières.

1 2 2 3 3 3 4 4 4 4 5 5 5 5 5 6 6 6 6 6 6
6 5 6 4 5 6 3 4 5 6 2 3 4 5 6 1 2 3 4 5 6
6 6 5 6 5 4 6 5 4 3 6 5 4 3 2 6 5 4 3 2 1

La chance pour ce nombre est donc 21.

Le nombre 14 peut être amené de 15 manières.

2	3	3	4	4	4	5	5	5	5	6	6	6	6	6
6	5	6	4	5	6	3	4	5	6	2	3	4	5	6
6	6	5	6	5	4	6	5	4	3	6	5	4	3	2

La chance pour ce nombre est donc 15.

Le nombre 15 peut être amené de 10 manières.

3	4	4	5	5	5	6	6	6	6
6	5	6	4	5	6	3	4	5	6
6	6	5	6	5	4	6	5	4	3

La chance pour ce nombre est donc 10.

Le nombre 16 peut être amené de 6 manières.

4	5	5	6	6	6
6	5	6	4	5	6
6	6	5	6	5	4

La chance pour ce nombre est donc 6.

Le nombre 17 peut être amené de 3 manières.

5	6	6
6	5	6
6	6	5

La chance pour ce nombre est donc 3.

Enfin le nombre 18 ne peut être amené que d'une seule manière, et n'a par conséquent qu'une chance.

867. D'après ce qu'on vient de voir, les nombres qui offrent le plus de chances sont les nombres 10 et 11, qui peuvent être amenés chacun de 27 manières : il faut parier pour l'un de ces deux nombres 27 contre 216 — 27 ou 189, c'est-à-dire 1 contre 7.

RÈGLE DES MOYENNES.

868. La moyenne sera, d'après la règle,

$$\frac{8+6}{2} \text{ ou } 7$$

869. La moyenne est

$$\frac{2\text{ f. }20\text{ c.}+2\text{ f.}+1\text{ f. }15\text{ c.}}{3}=\frac{5\text{ f. }35\text{ c.}}{3}=1\text{ f. }78\text{ c. }\frac{1}{3}$$

870. La somme des nombres 1225,156 mètres
1224,982
1225,048
1224,821
1225,508

étant 6125,515 mètres
la moyenne demandée en sera
la 5e partie ou 1225,103

871. Les 3 poids obtenus sont 125gr.,126mill.
124 ,946
125 ,247

Leur somme est 375gr.,319mill.
La moyenne en est le tiers ou 125 ,106

872. Les deux fractions $\frac{1}{2}$ et $\frac{1}{3}$, réduites au même dénominateur, deviennent $\frac{3}{6}$ et $\frac{2}{6}$: leur somme est donc $\frac{5}{6}$, dont la moitié, qui est la moyenne cherchée, est $\frac{5}{12}$.

873. Les 3 côtés sont

	2 pi.	4 po.	» l.
	3	1	6
	3	2	»
Leur somme est	8 pi.	7 po.	6 l.
Le tiers de cette somme ou	2	10	6

est la moyenne demandée.

874. La somme des diverses portions du pieu enfoncées à chaque coup étant 34 centimètres, on aura la grandeur moyenne de chacune de ces portions en divisant 34 centimètres par 109, nombre des coups donnés : on trouve ainsi 3 millimètres et $\frac{13}{109}$.

875. La somme des nombres $24+22+27+23{,}5+28$ étant 124,5, si l'on divise par ce nombre le poids total du mercure, 584 milligrammes, on aura pour quotient le poids du mercure occupant une seule division du tube : on trouve ainsi 4,69 milligrammes.

876. 15 liv. à 21 f. font 15 fois 21 f. ou 315 f.
25 à 18 font 25 18 ou 450

La somme de ces deux nombres est 765 f.

Or cette somme est le prix de 15 + 25 livres ou 40 livres : le prix moyen d'une livre sera donc $\frac{765 \text{ f.}}{40}$ ou 19 f. 12 c. $\frac{1}{2}$.

877. 3 kil. à 4 f. 50 c. font 13 f. 50 c.
5 à 5 » 25 »
4,7 à 5 10 23 97

Total 62 f. 47 c.

Cette somme est le prix de 3 + 5 + 4,7 kil. ou 12,7 kil. : le prix moyen du kilogramme est donc $\frac{62 \text{ f. } 47 \text{ c.}}{12,7}$ ou 4 f. 92 c.

878.

On a acheté 5 kil. à 3 f., ce qui fait 15 f. » c.
on les a revendus à 3 f. 75 c. 18 75
on a donc gagné 3 f. 75 c.

On a acheté 7 kil. à 4 f., ce qui fait 28 f. »
on les a revendus à 5 f. 35 »
on a donc gagné 7 »

On a acheté 8 k. à 4 f. 50 c., ce qui fait 36 f. »
on les a revendus à 5 f. 50 c. 44 »
on a donc gagné 8 »

Gain total 18 f. 75 c.

Le nombre total des kilogrammes étant 20, si l'on divise le gain total par ce nombre, on aura le gain moyen sur chaque kilogramme : on trouve ainsi :

$$0 \text{ f. } 93 \text{ c. } \frac{3}{4}$$

879. La somme des fractions $\frac{1}{2}$ et $\frac{3}{4}$ étant $1\ \frac{1}{4}$, la somme des nombres

3h.	16 m.	38 s. $\frac{1}{2}$
3	16	37 $\frac{3}{4}$
3	16	38

sera évidemment

3 fois 3 h., 3 fois 16 m., 3 fois 38 s. plus $\frac{1}{4}$;

et la moyenne

3 h. 16 m. 38 s. et le tiers de $\frac{1}{4}$,

c'est-à-dire $\frac{1}{12}$ de seconde.

880. Pour trouver la température moyenne il faut additionner la température des 24 heures, et diviser la somme par 24. On trouve que cette somme est 256 degrés, qui, divisés par 24, donnent pour la température moyenne 10°,67.

1° Cette température moyenne tombe entre 8 et 9 heures du matin ; la différence de température à ces deux heures est 0°,9 : si on divise cette quantité en 60 parties, le quotient 0°,015 indiquera sensiblement la variation de température pour 1 minute. Si l'on divise par ce nombre la différence qui existe entre la température de 8 heures et la température moyenne, c'est-à-dire 0°,37, le quotient 24 indiquera le nombre de minutes écoulées après 8 heures pour atteindre la température moyenne.

2° Cette température moyenne tombe aussi entre 8 et 9 heures du soir; la différence entre la température de ces deux heures est 0°,6, dont la 60e partie est 0°,01; la différence entre la température de 8 heures et la température moyenne est 0°,13 : cette différence, divisée par 0°,01, donne pour quotient 13 minutes.

La moyenne entre les deux températures extrêmes serait $\frac{7°,1 + 14°,5}{2}$ ou 10°,8 : l'erreur commise, en prenant cette moyenne pour la moyenne véritable, serait donc 0°,13.

881. La somme des onze résultats

57° au dessous de zéro
60°
45°
46°
61°
76°,8
77°,8
68°,8
78°,6
51°,5
59°,4

étant 681°,9

la moyenne en sera le onzième, c'est-à-dire 61°,9 ou 62° au dessous de zéro.

882. La somme des degrés au dessus de zéro 2°
1°,5
0°,7

est 4°,2

La somme des degrés au dessous 3°
0°,8

est 3°,8 3°,8

La différence est 0°,4

au dessus de zéro ; la moyenne en sera le 6ᵉ ou 0°,066.

883. La différence des deux latitudes est 9° nord ; la moyenne est la moitié de ce nombre ou 4 degrés 30 secondes nord.

884. La déclinaison du centre du soleil est la moyenne entre les deux déclinaisons données.

Or, si de	16 m. 17 s.	boréales
on retranche	15 46	australes
la différence sera	» m. 31 s.	boréales
Cette différence divisée par 2		
sera la moyenne cherchée	» 15 s. $\frac{1}{2}$	bor.

885. De 2 m. 17 s.
retranchez » 35

le reste 1 m. 42 s.

divisé par 2 sera la moyenne cherchée » 51 s.

Le milieu entre les deux instants est donc 2 h. 51 s.

886. On a

$$\begin{array}{rr} 270\text{ f.} + 150\text{ f.} + 100\text{ f.} + 86\text{ f.} = & 606\text{ f.} \\ \text{et} \quad 40\text{ f.} + 66\text{ f.} + 10\text{ f.} = & 116 \\ \hline \text{le gain est donc} & 490\text{ f.} \end{array}$$

En le divisant par le nombre des entreprises, on aura la moyenne cherchée, c'est-à-dire $\frac{490\text{ f.}}{7}$ ou 70 f.

887. En faisant la différence entre 62° et les onze résultats partiels du n. 881, on aura les onze erreurs correspondantes, savoir :

En moins		En plus	
	5°		14°,8
	2°		15°,8
	17°		6°,8
	16°		16°,6
	1°	Total	54°
	10°,5		
	2°,6		
Total	54°,1		

La somme de ces erreurs est 108°,1 ; l'erreur moyenne en est la 11ᵉ partie ou 9°,8 environ.

888. La différence des résultats extrêmes est 78°,6 — 45° ou 33°,6, dont la 11ᵉ partie est 3° environ.

889. La somme des 6 nombres 1, 2, 3, 4, 5, 6, étant 21, la valeur moyenne d'un coup d'un dé est $\frac{21}{6}$ ou $3\frac{1}{2}$.

La somme probable de 100 coups d'un dé serait par conséquent $3\frac{1}{2} \times 100$, c'est-à-dire 350.

On aurait évidemment le même résultat pour 10 coups de 10 dés ou pour 1 coup de 100 dés.

QUESTIONS DE GÉOMÉTRIE.

890.

1° Les $\frac{3}{4}$ de 360° sont $\frac{360° \times 3}{4}$ ou 270°.

2° La moitié de 360° est 180°.

3° Le quart de 360° est 90°.

4° Un degré contient 60 fois 60 secondes ou 3600 secondes.

5° La circonférence contient 360 fois 60 minutes ou 21600 minutes.

6° Elle contient donc 21600 fois 60 secondes ou 1296000 secondes.

891. Deux fois 90° font 180°.

892. La somme des deux angles connus est

103° 16' 22"

Si on la retranche de la somme des 3 angles ou 180°, *le reste*, 76° 43' 38", sera l'angle cherché.

893. Chaque angle est donc le tiers de 180°, c'est-à-dire 60°.

894. Un quadrilatère peut être partagé en 2 triangles : la somme de ses angles intérieurs vaut donc 4 angles droits.

895. Un pentagone peut être partagé en (5 — 2) ou 3 triangles : la somme de ses angles intérieurs est donc 3 fois 2 angles droits, c'est-à-dire 6 angles droits.

896. Un hexagone peut être partagé en (6 — 2) ou 4 triangles : la somme de ses angles intérieurs est donc 4 fois 2 angles droits, c'est-à-dire 8 angles droits.

897. La surface d'un carré qui a 4 mètres de côté contient 4 fois 4 mètres carrés ou 16 mètres carrés.

898. Il faut chercher le nombre qui, multiplié par lui-même, donne pour produit 25, c'est-à-dire prendre la racine carrée de 25, qui est 5 : ce carré a donc 5 mètres de côté.

899. Il faut prendre la racine carrée de 30 ; l'emploi des logarithmes abrége ce calcul. Le logarithme de 30 est 1,47712125 ; le logarithme de sa racine carrée sera la moitié de ce logarithme ou 0,73856062, qui correspond au nombre 5,447 : le côté du carré a donc 5,447 mètres (à moins d'un millimètre près).

900. Pour avoir la surface d'un rectangle on multiplie sa longueur par sa largeur : la surface du rec-

tangle proposé est donc 12m. $\times$ 7m. ou 84 mètres carrés.

901. La surface de ce rectangle est 5m.,67 $\times$ 3m.,6 ou 20,412 mètres carrés.

902. La surface du rectangle étant le produit de ses deux dimensions, on aura la largeur cherchée en divisant le produit, 21 mètres carrés, par le facteur connu 3 mètres; on trouve pour quotient 7 : la largeur demandée est donc 7 mètres.

903. Il faut diviser la surface 35m.c.,778 par la dimension connue 3m.,56 : on trouve ainsi 10m.,05 pour la longueur cherchée.

904. La surface demandée est le produit de 7 mètres par 5 mètres, c'est-à-dire 35 mètres carrés.

905. La demi-somme des bases est $\frac{7m. + 5m.}{2}$ ou 6 mètres : en la multipliant par leur distance 3 mètres, on trouve 18 mètres carrés pour la surface cherchée.

906. La demi-somme des bases est $\frac{6m. + 9m.}{2}$ ou 7m.,5; leur distance est 3m.,5 : la surface demandée est donc 7m.,5 $\times$ 3m.,5 ou 26,25 mètres carrés.

907. La surface est $\frac{5m. \times 4m.}{2}$ ou 10 mètres carrés.

908. La base étant 5m.,25, et la hauteur 0m.,82, la surface du triangle est $\frac{5m.,25 \times 0m.82}{2} = 2,152$ mètres carrés.

909. La surface étant la moitié du produit de la base par la hauteur, il faut doubler la surface et diviser par la base pour retrouver la hauteur : la hauteur demandée est donc $\frac{3m.c. \times 2}{2m.} = 3$ mètres.

910. Il faut doubler la surface et diviser par la hauteur : la base demandée est donc $\frac{41m.c.,89 \times 2}{5m.,9}$ $= 14m.,2$.

911. La surface de ce rectangle étant 7m.,2 × 5m. ou 36 mètres carrés, il faut en prendre la racine carrée pour avoir le côté du carré demandé ; la racine carrée de 36 est 6 : ce carré a donc 6 m. de côté.

912. La surface du triangle est $\frac{13m.,5 \times 12m.}{2}$ ou 81 mètres carrés, dont la racine carrée est 9 m. : un carré de 9 m. de côté a donc la même surface que ce triangle.

913. La surface du premier rectangle est 7m. × 6m. ou 42 mètres carrés; le second rectangle ayant aussi 42 mètres carrés de surface, mais 8 m. de longueur, on aura sa largeur en divisant 42 m. c. par 8 m. : le quotient est 5m.,25.

914. La surface du premier triangle est $\frac{5m. \times 3m.}{2}$: la surface du second sera donc 5m. $\times$ 3m. Pour retrouver sa hauteur il faut doubler la surface et diviser par la base : cette hauteur est donc $\frac{5m. \times 3m. \times 2}{4}$ ou 7m.,5.

915. La somme des surfaces des deux carrés connus est 3m. $\times$ 3m. + 4m. $\times$ 4m. ou 25 mètres carrés : la racine carrée de cette surface, ou 5m., sera le côté du carré cherché.

916. Le carré qui a pour côté 1 mètre aura pour surface 1 mètre carré : un carré double aura donc pour surface 2 mètres carrés et pour côté la racine carrée de 2 mètr. carr. Or, le logarithme de 2 étant 0,3010300, la moitié de ce logarithme ou 0,1505150 sera le logarithme de la racine cherchée, qui est par conséquent 1m.,414.

917. Cette circonférence est $\frac{3m. \times 355}{113}$ ou 9m.,425.

918. Le diamètre de cette circonférence est 5 m., et cette circonférence sera $\frac{5m. \times 355}{113}$ ou 15m.,708.

919. Pour retrouver le diamètre il faut diviser la circonférence par la fraction $\frac{355}{113}$. Ce diamètre est donc 12m. : $\frac{355}{113}$ ou $\frac{12m. \times 113}{355}$, c'est-à-d. 3m.,8197.

920.

Le diamètre sera $1m.,58 : \frac{355}{113}$ ou $\frac{1m.,58 \times 113}{355}$, c'est-à-dire 0m.,50293; le rayon ou la moitié du diamètre sera donc 0m.,25146.

921. Désignons momentanément par r la fraction $\frac{355}{113}$: le diamètre du cercle dont la circonférence est 15m. sera $\frac{15m.}{r}$ et son rayon $\frac{15m.}{r \times 2}$. Un rayon triple sera $\frac{15m. \times 3}{r \times 2}$, et le diamètre correspondant à ce rayon $\frac{15\ m. \times 3 \times 2}{r \times 2}$: la circonférence du cercle qui a ce diamètre sera donc $\frac{15m. \times 3 \times 2}{r \times 2} \times r$ ou $\frac{15m. \times 3 \times 2 \times r}{r \times 2}$, ou, en supprimant les facteurs r et 2 communs aux deux termes, $15m. \times 3$. Cette seconde circonférence sera donc le triple de la première ou 45 m.

922. La surface de ce cercle sera $3\ m. \times 3\ m. \times \frac{355}{113}$ ou $\frac{9m.c. \times 355}{113}$, c'est-à-dire 28,274 mètres carrés.

923. Le rayon de ce cercle est 2 m., dont le carré

est 4 m. c. : sa surface est donc $\frac{4 \text{ m. c.} \times 355}{113}$ ou 12,566 mètres carrés.

924. En divisant la surface par $\frac{355}{113}$, on aura le carré du rayon. On trouve

$$\frac{3567 \text{ m. c.} \times 113}{355} = 1135\text{m.c.},41$$

Le logarithme de ce nombre est 3,0551426, dont la moitié, 1,5275713, est le logarithme de 33,695. Ce rayon est donc 33m.,7 (à moins d'un 10e de mètre).

925. Cette surface sera 15m. $\times$ 15m. : 4 $\times \frac{355}{113}$ ou $\frac{15\text{m.} \times 15\text{m.} \times 113}{4 \times 355}$, c'est-à-dire 17m.c.,905.

926. Le produit de cette surface par 4 et par $\frac{355}{113}$ sera $\frac{71\text{m.c.},62 \times 4 \times 355}{113}$ ou 900m.c.,00, dont la racine carrée est 30 mètres : la circonférence cherchée a donc 30 mètres.

927. Il faut multiplier la première surface par le carré du rapport de la seconde à la première, c'est-à-dire 5 mètres carrés par 4, ce qui donne 20 mètres carrés.

928. Si les surfaces de deux cercles sont entre elles

comme 1 : 9, leurs diamètres seront entre eux comme les racines carrées de ces nombres, c'est-à-dire comme 1 : 3. Le premier diamètre est donc le tiers du second ou le tiers de 6 mètres, c'est-à-dire 2 m.

929. La surface de ce carré est 3 m. $\times$ 3 m. ou 9 mètres carrés : cette surface étant aussi celle du cercle, en la divisant par $\frac{355}{113}$, le quotient $\frac{9 \text{ m.c.} \times 113}{355}$ ou 2m.c.,864 sera le carré du rayon cherché. Le logarithme de ce carré est 0,4569730, dont la moitié 0,2284865 est le logarithme de 1,692 : le rayon cherché est donc 1m.,692.

930. La surface du cercle dont le rayon est 1 m. est

$$\frac{1\text{m.c.} \times 355}{113} \text{ ou } 3\text{m.c.},141$$

Celle dont le rayon est 2 m. est

$$\frac{2\text{m.} \times 2\text{m.} \times 355}{113} \text{ ou } 12\text{m.c.},566$$

La somme des deux surfaces est donc 15m.c.,707

Cette somme étant la surface du cercle dont on cherche le rayon, en la divisant par $\frac{355}{113}$ on aura le carré de ce rayon : or $\frac{15\text{m.c.},707 \times 113}{355} = 4\text{m.c.},999$ ou 5 mètres carrés. Le logarithme de 5 est 0,6989700, dont la moitié 0,3494850 est le logarithme de 2,236 : le rayon cherché est donc 2m.,236.

931. Le produit de la longueur par la largeur est

$5 \text{ m.} \times 3 \text{ m.}$ ou 15 m. c. ; multipliant par $\frac{355}{113}$ on obtient $\frac{15 \text{ m. c.} \times 355}{113}$ ou 47m.c.,124, dont le quart, ou 11m.c.,781, est la surface de l'ellipse.

932. Il faut multiplier la surface par 4, et la diviser par $\frac{355}{113}$ et par la longueur : on obtient ainsi $\frac{3\text{m.c.},562 \times 4 \times 113}{2\text{m.},5 \times 355}$ ou 1m.,814 pour la largeur cherchée.

933. Le rouleau développé est un rectangle de 0m.,5 de large sur 12 m. de long : sa surface est donc $12 \text{ m.} \times 0\text{m.},5$ ou 6 m. c. Si l'on divise 150 m. c. par 6 m. c. on aura pour quotient le nombre de rouleaux nécessaires : on trouve que $\frac{150 \text{ m. c.}}{6 \text{ m. c.}} = 25$. Il faut donc 25 rouleaux à 3 f. 75 c. le rouleau ; la dépense s'élèvera donc à $3 \text{ f. } 75 \text{ c.} \times 25$ ou 93 f. 75 c.

934. La forme du papier étant rectangulaire,
la surface du premier est $0\text{m.},4 \times 0\text{m.},3$ ou 0m.c.,12
la surface du second est $0\text{m.},5 \times 0\text{m.},38$ ou 0m.c.,19

Si 12 décimètres carrés du premier papier se paient 8 sous, 1 décimètre carré vaudra $\frac{8 \text{ s.}}{12}$ ou $\frac{2}{3}$ de sou.

Si 19 décimètres carrés du second papier se paient

12 sous, 1 décimètre carré vaudra $\frac{12\text{ s.}}{19}$. Si l'on réduit les deux fractions $\frac{2}{3}$ et $\frac{12}{19}$ au même dénominateur, elles deviendront $\frac{38}{57}$ et $\frac{36}{57}$: la première étant plus grande que la seconde, il s'ensuit que le premier papier est plus cher que le second.

935. Les côtés correspondants étant entre eux :: 2 : 3, les deux figures seront entre elles comme le carré de 2 est au carré de 3, c'est-à-dire :: 4 : 9.

936. Les dimensions des deux dessins étant :: 1 : 2, les surfaces seront entre elles comme le carré de 1 est au carré de 2, c'est-à-dire :: 1 : 4.

937. Chaque ligne du plan étant à la ligne qu'elle représente :: 1 : 1000, la surface du plan est à celle du terrain comme le carré de 1 est au carré de 1000, c'est-à-dire :: 1 : 1000000. Elle est donc un million de fois plus petite.

938. La surface de la seconde feuille étant à la surface de la première comme 0,5 : 1, il faut que les dimensions de la copie soient aux dimensions du modèle comme la racine carrée de 0,5 est à la racine carrée de 1, ou :: 0,707 : 1.

939. La surface du 1er triangle est

$\frac{126m. \times 112m.}{2}$ ou 7056m.c.

la surface du 2e est $\frac{117,5m. \times 18m.}{2}$ ou 1057m.c.,5

la surface du 3e est $\frac{130m. \times 17m.}{2}$ ou 1105m.c.

la surface du 4e est $\frac{19m.,5 \times 14m.}{2}$ ou 136m.c.,5

La surface totale est donc 9355m.c.

ou 93 ares 55 centiares.

940. La demi-somme des côtés est $\frac{5+9+10}{2}$ ou 12; on a ensuite $12-5=7$, $12-9=3$, $12-10=2$; le produit $12 \times 7 \times 3 \times 2$ est égal à 504; le logarithme de 504 étant 2,7024305, la moitié de ce logarithme, ou 1,3512152, est le logarithme de la racine carrée de 504, c'est-à-dire de 22,45 : la surface cherchée est donc 22m.c.,45.

941. La demi-somme des côtés est $\frac{82+56+43}{2}$ ou 90,5 : on a $90,5-82=8,5$, $90,5-56=34,5$ et $90,5-43=47,5$.

Le produit $90,5 \times 8,5 \times 34,5 \times 47,5$ a pour logarithme 6,10058022, dont la moitié 3,0502901 est le logarithme de 1122,77 : la surface cherchée est donc 1122,77 centimètres carrés.

942. Il y en a 3 fois 3 fois 3, ou 27.

943. Le produit 5 m. $\times$ 4 m. $\times$ 3 m. est égal à 60 mètres cubes.

944. Le produit 12 m. c. $\times$ 3 m. est égal à 36 mètres cubes.

945. Il faut diviser le volume par la base, c'est-à-dire 175 m. C. par 35 m. c. : le quotient 5 m. est la hauteur cherchée.

946. Ce côté est la racine cubique de 1331 m. C.; le logarithme de ce nombre est 3,1241781, dont le tiers 1,0413927 est le logarithme de 11 : le côté cherché est donc 11 m.

947. Le cube d'un mètre de côté a pour volume 1 mètre cube : 2 mètres cubes seraient donc le volume du cube dont on cherche le côté. Pour avoir ce côté il faut donc prendre la racine cubique de 2. Le logarithme de 2 est 0,3010300, dont le tiers 0,1003433 est le logarithme de 1,26007 : le côté cherché est donc 1m.,260.

948. Le contour du cylindre est une circonférence de cercle dont le diamètre est 3 m. : cette circonférence est donc $\frac{3\text{ m.}\times 355}{113}$, et la surface du cylindre est $\frac{3\text{m.}\times 355\times 10\text{m.}}{113}$ ou 94,25 mètres carrés.

949. La base du cylindre est la surface d'un cercle dont le diamètre est l'épaisseur donnée, 5 centimètres; le rayon de ce cercle est 2,5 centimètres; le car-

ré de ce rayon est 6,25 centimètres carrés, et par conséquent la surface du cercle est $\frac{0c.c.,25 \times 355}{113}$: le volume du cylindre est donc $\frac{6c.c.,25 \times 355 \times 14 c.}{113}$, c'est-à-dire 274,889 centimètres cubes.

950. Les deux cylindres, ayant même épaisseur, ont même base et sont entre eux comme leurs hauteurs : le premier est donc contenu dans le second autant de fois que 5 est contenu dans 27, c'est-à-dire un nombre de fois marqué par $\frac{27}{5}$ ou 5,4.

951. Le premier est contenu dans le second autant de fois que le carré de 2 est contenu dans le carré de 5, c'est-à-dire un nombre de fois marqué par $\frac{25}{4}$ ou 6,25.

952. Le premier cylindre ayant une épaisseur de 3 centimètres, le rayon de sa base est 1,5 centimètres : son volume est donc $\frac{1,5 \times 1,5 \times 355 \times 8}{113}$.

Le rayon de la base du second cylindre étant $\frac{7}{2}$ centimètres ou 3c.,5, son volume est

$$\frac{3,5 \times 3,5 \times 355 \times 15}{113}$$

Le premier cylindre est contenu dans le second un nombre de fois marqué par le quotient du second volume par le premier.

En supprimant le facteur $\frac{355}{113}$, qui est commun au dividende et au diviseur, ce quotient sera exprimé par $\frac{3,5 \times 3,5 \times 15}{1,5 \times 1,5 \times 8}$ ou $\frac{35 \times 35 \times 15}{15 \times 15 \times 8}$, ou, en divisant les deux termes par 15 et par 5, $\frac{35 \times 7}{3 \times 8}$ ou $10\frac{5}{24}$.

953. Les volumes de deux cylindres semblables sont entre eux comme le cube de leurs épaisseurs : le volume du premier est donc au volume du second comme le cube de 1 est au cube de 2, ou comme 1 : 8 ; le second contiendra donc 8 fois 154 grammes ou 1232 grammes d'eau.

954. Les volumes des deux cylindres sont entre eux comme 3,15 : 85,05 ou comme 315 : 8505, ou enfin, en divisant les deux termes de ce rapport par 315, comme 1 : 27 ; les dimensions correspondantes de ces deux cylindres seront donc entre elles comme la racine cubique de ces nombres, ou comme 1 : 3.

955. Le rayon de la base de ce cylindre étant 2,5 décimètres, son volume est $\frac{2d.,5 \times 2d.,5 \times 355 \times 4}{113}$ ou 78,54 décimètres cubes : l'eau contenue pèsera donc 78,54 kilogrammes, puisqu'un décimètre cube ou un litre pèse un kilogramme.

956. Ce volume est $\frac{340 \text{ m. c.} \times 12 \text{ m.}}{3}$ ou 1360 mètres cubes.

957. Cette hauteur est le quotient du triple du volume par la base, c'est-à-dire $\frac{1500 \text{ m. C.} \times 3}{375 \text{ m. c.}}$ ou 12 mètres.

958. Ce côté est la racine cubique de 1500 m. C.; le logarithme de 1500 est 3,1760913, dont le tiers 1,0586971 est le logarithme de 11,447 : le côté cherché est donc 11m.,447.

959. Ce volume est $\frac{240 \text{ m. c.} \times 13 \text{ m.}}{3}$ ou 1040 mètres cubes.

960. Le rayon de sa base étant 2 décimètres, la surface de cette base est $\frac{2\text{d.} \times 2\text{d.} \times 355}{113}$: le volume du cône est donc $\frac{2 \text{ d.} \times 2 \text{ d.} \times 355 \times 5 \text{ d.}}{113 \times 3}$ ou 20,944 décimètres cubes.

961. Le rayon de la base étant 4 mètres, le diamètre sera 8 mètres, et la circonférence de la base sera $\frac{8 \text{ m.} \times 355}{113}$: la surface courbe du cône sera

donc $\frac{8 m. \times 355 \times 15 m.}{113 \times 2}$ ou $\frac{4 m. \times 355 \times 15 m.}{113}$ ou 188,495 mètres carrés.

962. Le carré du grand rayon est 25 m. c.
le carré du petit rayon est 9
le produit des deux rayons est 5m. $\times$ 3m. ou 15

la somme de ces trois résultats est 49 m. c.

Le volume du tronc de cône est $\frac{49 m. c. \times 355 \times 7 m.}{113 \times 3}$ ou 359,18 mètres cubes.

963. La surface demandée est $\frac{5 \times 5 \times 355}{113}$ centimètres carrés, ou 78,54 centimètres carrés.

964. Le diamètre de cette sphère étant 6 décimètres, sa surface est $\frac{6d. \times 6d. \times 355}{113}$ ou 113,09 décimètres carrés.

965. En divisant cette surface par $\frac{355}{113}$ on aura le carré du diamètre $\frac{45 m. c. \times 113}{355} = 14m.c.,32$; le logarithme de ce nombre est 1,1559430, dont la moitié 0,5779715 est le logarithme de 3,784. Si le diamètre de la sphère est 3m.,784, son rayon sera 1m.,892.

966. Il suffit de diviser cette surface par $\frac{355}{113}$ et de prendre la racine carrée du quotient.

Ce quotient est $\frac{28,277 \times d.c. 113}{355}$ ou 9 décimètres carrés, dont la racine carrée est 3 décimètres.

967. Le diamètre étant 12 centimètres, la surface de la sphère est $\frac{12 c. \times 12 c. \times 355}{113}$, et son volume est par conséquent $\frac{12 c. \times 12 c. \times 355 \times 2c.}{113}$ ou 904,81 centimètres cubes.

968. Le cube de 3 pieds étant 27 pieds cubes, le volume de la sphère est

$$\frac{27 \text{ pi.C.} \times 355 \times 4}{113 \times 3} = \frac{9 \text{ pi.C.} \times 355 \times 4}{113} = 113 \text{pi.C.},09$$

ou 113,1 pieds cubes.

969. En multipliant le volume de la sphère par 3, et divisant ce produit par $\frac{355}{113}$ et par 4, on aura le cube du rayon : ce cube est donc $\frac{148 \text{ c. C.} \times 3 \times 113}{355 \times 4}$ ou $\frac{37 \text{ c. C.} \times 3 \times 113}{355}$ ou 35,33 centimètres cubes.

Le logarithme de ce nombre est 1,5481436, dont le tiers 0,5160478 est le logarithme de 3,281 : le rayon cherché est donc 2,28 centimètres.

970. La surface divisée par $\frac{355}{113}$ donne le carré du diamètre : ce carré est donc $\frac{15 \text{ pi. c.} \times 113}{355}$ ou 4,77464 pieds carrés.

Le logarithme de ce nombre est 0,6789406, dont la moitié 0,3394703 est le logarithme de 2pi.,18509, diamètre de la sphère ; le 6e de ce diamètre ou 0pi.,36418 est le tiers du rayon. En multipliant ce tiers du rayon par 15 pi. c., surface de la sphère, le produit, 5,4627 pieds cubes, sera le volume de cette sphère.

971. Si l'on multiplie le volume par 3, et qu'on divise le produit par $\frac{355}{113}$ et par 4, on aura le cube du rayon : ce cube est donc $\frac{140 \text{ p. C.} \times 3 \times 113}{355 \times 4}$ ou $\frac{35 \text{ p. C.} \times 3 \times 113}{355}$ ou 33,42 pouces cubes.

Le logarithme de ce nombre est 1,5240064, dont le tiers 0,5080021 est le logarithme de 3p.,221, rayon de la sphère. Si l'on divise le volume de la sphère par le tiers de ce rayon ou 1p.,073, on aura la surface de la sphère : on trouve $\frac{140 \text{ p.C.}}{1\text{p.},073} = 130$ pouces carrés.

972. Les surfaces de ces sphères sont entre elles comme le carré de 7 est au carré de 10, ou comme 49 : 100, ou à peu près comme 1 : 2.

973. Les volumes de ces sphères sont entre eux

comme le cube de 5 est au cube de 7 ou comme 125 : 343.

974. Si l'on appelle R ce rayon, la surface de la sphère sera $\frac{2R \times 2R \times 355}{113}$; celle du cercle est $\frac{R \times R \times 355}{113}$; la surface de la sphère, contenant 2 fois le facteur 2, que la surface du cercle ne contient pas, est 2 fois 2 ou 4 fois plus grande que cette surface (puisque les autres facteurs sont les mêmes).

975. Si l'on appelle D le diamètre de la sphère, ce diamètre sera en même temps la hauteur du cylindre et le diamètre de sa base : la surface de ce cylindre sera donc $\frac{D \times 355 \times D}{113}$.

La surface de la sphère sera $\frac{D \times D \times 355}{113}$.

Ces deux surfaces sont donc équivalentes.

976. Appelons R le rayon de la sphère ; ce rayon sera celui de la base du cylindre, et 2 R sera sa hauteur : son volume sera donc $\frac{R \times R \times 355 \times 2R}{113}$; celui de la sphère sera $\frac{R \times R \times R \times 355 \times 4}{113 \times 3}$. En comparant ces deux expressions, on voit que la seconde a de plus que la première un facteur 2 et un diviseur 3 : le volume de la sphère est donc les $\frac{2}{3}$ du volume du cylindre.

977. D'après la règle énoncée, ce volume sera

$$\frac{(7-1)\,p.\times 3\,p.\times 3\,p.\times 355}{113} = \frac{54\,p.C.\times 355}{113}$$

$= 169{,}6$ pouces cubes.

978. Cette surface est

$$\frac{18\,c.\times 4\,c.\times 355}{113}$$ ou 226,2 centimètres carrés.

979. Le volume de cette tranche est

$$\frac{(22-2)\,c.\times 6\,c.\times 6\,c.\times 355}{113}$$

ou 2262 centimètres cubes.

Sa surface est $\frac{44\,c.\times 6\,c.\times 355}{113}$ ou 829 centimètres carrés (en négligeant les décimales).

980. Ce volume serait $\frac{7\,p.\times 25\,p.\,c.\times 355\times 4}{113\times 3}$ ou 733 pouces cubes (en négligeant les décimales).

QUESTIONS D'ASTRONOMIE.

981. Les volumes de ces astres sont entre eux comme le cube de leurs diamètres ; et, si le volume de la terre est pris pour unité, ces cubes exprimeront le volume véritable des astres correspondants : ainsi donc le volume

du Soleil est égal au cube de	109,93	ou à 1328460
de Mercure	0,39	0,0593
de Vénus	0,97	0,913
de Mars	0,56	0,176
de Jupiter	11,56	1544,8
de Saturne	9,61	887,5
d'Uranus	4,26	77,3
de la Lune	0,27	0,019

(Ces cubes, obtenus à l'aide des logarithmes, ne sont qu'approchés.)

982. Le diamètre

du Soleil est de	2860 l. ×	109,93	ou 314399,80l.
de Mercure	2860 l. ×	0,39	1115,40l.
de Vénus	2860 l. ×	0,97	2774,20l.
de Mars	2860 l. ×	0,56	1601,60l.
de Jupiter	2860 l. ×	11,56	33061,60l.
de Saturne	2860 l. ×	9,61	27484,60l.
d'Uranus	2860 l. ×	4,26	12183,60l.
de la Lune	2860 l. ×	0,27	772,20l.

(On peut négliger les décimales.)

983. Le diamètre de la terre étant de 2860 lieues,

le diam. de Vesta est de	2860 l. ×	0,03	ou 85,80 l.
Junon	2860 l. ×	0,18	514,80 l.
Cérès	2860 l. ×	0,20	572 l.
Pallas	2860 l. ×	0,26	743,60 l.

(ou 85, 515, 572 et 744, en négligeant les décimales).

984. Le volume d'une sphère peut s'obtenir en multipliant le cube du diamètre par le facteur $\frac{4 \times 355}{3 \times 113 \times 8}$ ou $\frac{355}{3 \times 113 \times 2}$ (car le cube du rayon est 8 fois moindre que le cube du diamètre).

D'après cela le volume de la planète dont il s'agit s'obtiendrait en multipliant par ce facteur la somme des cubes des diamètres des 4 petites planètes : cette somme équivaut donc au cube du diamètre de cette planète, et l'on aura son diamètre même en en prenant la racine cubique.

Or le cube de	0,03	est	0,000027
	0,18		0,005832
	0,20		0,008000
	0,26		0,017576
la somme des cubes est donc			0,031435
Le logarithme de ce nombre est			—1,5025866
dont le tiers			—0,5008622
est le logarithme de			0,3156

Le diamètre de la terre étant pris pour unité, le diamètre de la planète dont il s'agit est donc 0,31.

C'est donc de Mercure qu'elle approche le plus pour la grosseur.

985. Pour obtenir leur densité, il faut diviser leur poids par leur volume : ainsi donc

la densité du Soleil est $\frac{354936}{1328460}$ ou environ $\frac{1}{4}$

de Jupiter $\frac{332}{1544}$ $\frac{1}{5}$

la densité de Saturne est	$\frac{101}{887}$ ou environ	$\frac{1}{9}$
d'Uranus	$\frac{20}{77}$	$\frac{1}{4}$
de Vénus	$\frac{0,87}{0,913}$	1
de Mercure	$\frac{0,18}{0,0593}$	3
de Mars	$\frac{0,14}{0,176}$	$\frac{4}{5}$
de la Lune	$\frac{1}{70} : \frac{19}{1000}$	$\frac{7}{10}$

986. Il faut multiplier par 5 les densités précédentes, et l'on obtient

pour le Soleil	1 et $\frac{1}{4}$
Jupiter	1
Saturne	$\frac{5}{9}$
Uranus	1 et $\frac{1}{4}$
Vénus	5
Mercure	15
Mars	4
la Lune	3 et $\frac{1}{2}$

987. Divisez la durée de la révolution de chaque planète par celle de la terre, qui est prise pour unité, le quotient exprimera les années, et la partie entière du reste exprimera les jours. Multipliez la partie décimale de ce reste par 24, la partie entière du produit exprimera les heures; multipliez la partie décimale de ce produit par 60, la partie entière de ce second produit exprimera les minutes; multipliez la partie décimale de ce second produit par 60, la partie entière de ce troisième produit exprimera les secondes, et la partie décimale une fraction de seconde : on trouvera ainsi

pour la durée d'une révolution

de Mercure	» ans	87 j.	23 h.	15 m.	43s.,89
de Vénus	»	224	16	49	11 ,19
de Mars	1	321	17	21	27 ,59
de Jupiter	11	314	18	37	34 ,60
de Saturne	29	166	12	50	0 ,93
d'Uranus	84	7	4	14	10 ,89

988. Appelons x la distance de Mercure au Soleil, celle de la terre au Soleil étant prise pour unité. Puisque les carrés des révolutions sont entre eux comme les cubes des distances, on a la proportion

le carré de 365,26 est au carré de 87,97 : : 1 : x^3

$$\text{On tire de là } x^3 = \frac{\text{le carré de } 87,97}{\text{le carré de } 365,26} = \frac{(8797)^2}{(36526)^2}$$

On aura donc la distance moyenne de Mercure au Soleil en divisant le carré de la durée de la révolution de Mercure par le carré de la durée de la révolution de la terre, et prenant la racine cubique du quotient.

En appliquant les logarithmes à l'égalité ci-dessus, on trouve

$$3 \log x = 2 \log (8797) - 2 \log (36526)$$

$$\text{ou} \quad \log x = \frac{2}{3} [\log (8797) - \log (36526)]$$

On trouve ainsi

$$\log x = -0{,}4121783 \quad \text{et} \quad x = 0{,}387$$

En opérant de la même manière à l'égard des autres planètes, on trouvera

pour la distance de	Vénus au Soleil	0,723
	Mars	1,524
	Jupiter	5,202
	Saturne	9,538
	Uranus	19,183

989. En multipliant les résultats précédents par 34600000 lieues, on aura ces mêmes distances exprimées en lieues : on trouve ainsi

pour la distance de	Mercure au Soleil	13390000 l.
	Vénus	25010000
	Mars	52730000
	Jupiter	180000000
	Saturne	330000000
	Uranus	663700000

990. Cette distance serait le produit de 1430 lieues par $60 \frac{1}{4}$ ou 86157,50 ou 86158 lieues.

991. Cette différence est 0,014119 jours ; en opérant comme il est dit au n. 987, pour convertir cette partie décimale en heures, minutes et secondes, on trouve 0 heures 20 min. 19s.,88

ou 19s.,9

992. Cette différence est 0,002732 ; en la multipliant successivement par 24 et par 60 (n. 987), on trouve 3 minutes et une partie décimale 0,934080, qui, multipliée par 60, donne 56 secondes et 4 centièmes de seconde, que l'on peut négliger.

993. Ce terme se compose de	365 jours ;
plus une partie décimale, 0,242264,	
qui, multipliée par 24, donne	5 heures,
et une partie décimale, 0,814336,	
qui, multipliée par 60, donne	48 minutes ;
plus une partie décimale, 0,860160,	
qui, multipliée par 60, donne	51 secondes ;
plus une partie décimale, 0,609600,	
que l'on peut réduire à	6 10es de seconde.

QUESTIONS SUR LES CALENDRIERS.

994. 1° L'année de 365 jours contient de moins que l'année astronomique 5 jours 48 minutes 51,6 secondes.

2° Si de	366 j.	» h.	» m.	» s.
on retranche	365	5	48	51,6
on aura pour différence	» j.	18 h.	11 m.	8,4 s.

995. Si de 1461j.
on retranche 4 fois 365j.,242264 ou 1460j.,969056

on aura pour différence 0j.,030944
erreur qui équivaut à 44 min. 33s.,6.

996. Dans un nombre d'années marqué par $\frac{4}{0,030944}$ ou environ 129 ans.

997. Si de 146097j.
on retranche 400 fois 365j.,242264 ou 146096j.,9056

on aura pour différence 0j.,0944
Et, si l'on divise 400 ans par cette différence, on aura pour quotient 4237 : il faudra donc 4237 ans pour que l'erreur soit d'un jour.

998. Toutes les années de ce siècle dont l'expression est divisible par 4 sont

1800, 1804, 1808, 1812, 1816, 1820, 1824, 1828, 1832, 1836, etc.

999. Dans l'année 1600, le nombre 16 qui exprime les siècles étant divisible par 4, cette année a été bissextile ; mais dans les années 1700, 1800, les nombres 17, 18, qui expriment les siècles, n'étant pas divisibles par 4, ces années n'ont pas été bissextiles.

1000. Les années 1700 et 1800 étant comptées comme bissextiles dans le calendrier julien, tandis qu'elles sont comptées comme communes dans le calendrier grégorien, il en résulte pour le premier un retard de 2 jours; et, si l'on y joint les 10 jours supprimés à l'époque de la réforme grégorienne, le retard total se composera de 12 jours.

1001. Le jour intercalaire étant le 29 février, le retard occasionné en 1700 et en 1800, en comptant ces années comme bissextiles, a commencé le lendemain du 29 février, c'est-à-dire le 1er mars de ces deux années. Ce retard a été de 11 jours à partir du 1er mars 1700 et de 12 jours à partir du 1er mars 1800; il sera de 13 jours à partir du 1er mars 1900.

1002. L'année 1832 étant postérieure à l'année 1800, le retard du calendrier julien pour cette année est de 12 jours. Pour avoir la date correspondante au 27 juin de cette année, il faut donc ajouter 12 jours, ce qui donnera le 9 juillet, puisque le mois de juin n'a que 30 jours.

1003. Il faut, par la même raison, retrancher 12 jours de la date donnée pour avoir la date correspondante dans le calendrier julien, ce qui donne le 24 décembre 1833, puisque décembre a 31 jours.

1004. Il s'agit de trouver un nombre d'années qui soit à la fois multiple des trois nombres 28, 15 et 19; ce nombre n'est autre que leur produit, puisqu'ils n'ont pas de facteur commun : ce produit, ou 7980, est ce qu'on nomme la période julienne.

Si du nombre	7980
on retranche le nombre d'années écoulées depuis le commencement de cette période jusqu'à la naissance de Jésus-Christ,	4714
le reste	3266

indiquera l'année de l'ère chrétienne où doit finir la période julienne.

1005. Puisque la 1re année de l'ère chrétienne était la 10e du cycle solaire, il y en avait donc 9 d'écoulées, et il en restait 19 pour compléter la période. Si du nombre 1833 on retranche ces 19 années, et que l'on divise le reste 1814 par 28, le reste 22 de cette division indiquera le rang de l'année 1833 dans la période du cycle solaire.

De même, puisque la 1re année de l'ère chrétienne était la 2e du cycle lunaire, il y en avait 1 d'écoulée, et il en restait 18 pour compléter la période : si de 1833 on retranche 18, et qu'on divise le reste 1815 par 19, le reste 10 de cette division sera le nombre d'or pour l'année 1833.

De même encore, puisque la 1re année de l'ère chrétienne était la 4e du cycle d'indiction, il y en avait 3 d'écoulées, et il en restait 12 pour compléter la période : si de 1833 on retranche 12, et qu'on divise le reste 1821 par 15, le reste 6 de cette division sera l'indiction romaine pour l'année 1833.

1006. Si l'on divise 365 par 7, on a pour reste 1. Il suit de là que, si le 1er dimanche d'une année commune s'est trouvé, par exemple, le 5, le 1er dimanche de l'année suivante se trouvera le 4 ; et, si la 1re année a été bissextile, le 1er dimanche de l'année suivante se trouvera le 3 : ainsi donc, l'année 1833 ayant eu pour lettre dominicale F, on aura pour les années 1834, 1835, 1836, 1837, 1838, etc., les lettres dominicales correspondantes E, D, C et B, A, G, etc.

1007. Puisqu'au 1er janvier 1832 la lune avait 28 jours, il ne restait du mois lunaire que 1j.,53 ; si l'on retranche ce nombre 1j.,53 du nombre des jours de l'année 365j.,24, et qu'on divise le reste 363j.,71 par le nombre de jours du mois lunaire 29,53, le reste 9j.,35 de cette division sera l'âge de la lune au 1er janvier de l'année suivante : l'épacte de l'année 1833 est donc 9. (On désigne ordinairement l'épacte en chiffres romains, IX.)

1008. Puisque la 1re année de l'ère chrétienne répond à l'année 4714 de la période julienne, la 1834e année de cette ère répond à la 6547e de cette période : car on peut poser la proportion arithmétique

$1 . 4714 : 1834 : x$ d'où $x = 4714 + 1834 - 1 = 6547$

1009. Pour connaître ce nombre d'années, il faut retrancher 3938 de 4714 ; le reste est 776 : la 1re année de la 1re olympiade remonte donc à 776 ans avant J.-C.

1010. On aura ce nombre d'années en retranchant 3961 de 4714 : on a pour reste 753.

Si Rome avait 753 ans à l'époque de la naissance de J.-C., elle a eu en 1834 un nombre d'années marqué par 753 + 1834 ou 2587 ans.

1011. On a $4714 - 3967 = 747$.

1012. On a $312 + 1834 = 2146$.

1013. Puisque la 552e année de la naissance de J.-C. est la 1re de l'ère des Arméniens, la 1834e de la naissance de J.-C. est la 1283e de l'ère des Arméniens : car on peut poser la proportion arithmétique

$552 . 1 : 1834 . x$ d'où $x = 1834 + 1 - 552 = 1283$

1014. On a $5509 + 1834 = 7343$.

1015. On a 3761 + 1834 = 5595.

1016. Il y a 11 années de 355 jours, qui font 3905 j.
et 19 années de 354 jours, qui font 6726

le cycle de 30 ans est donc composé de 10631 j.

1017. Il faut compter du 16 juillet au 31 juillet 15 jours, et par conséquent du 16 juillet

au 1er août		16 j.
du 1er août	au 1er septembre	31
du 1er septembre	au 1er octobre	30
du 1er octobre	au 1er novembre	31
du 1er novembre	au 1er décembre	30
du 1er décembre	au 1er janvier	31
donc depuis l'hégire jusqu'au 1er janvier		169 j.

1018. Si du produit de 10631 jours par 41 ou de 435871 jours on retranche les 169 jours écoulés depuis l'hégire jusqu'au 1er janvier 623, on aura un reste de 435702 jours écoulés depuis cette dernière époque jusqu'au jour cherché. En divisant ce nombre par 1461, on aura pour quotient 298 fois 4 années ou 1192 années, qui, augmentées du millésime 623, donnent le millésime 1815 : le reste de la division précédente étant 324 jours, le jour cherché sera donc le 324e de l'année 1815. Or les 10 premiers mois de l'année donnent une somme de jours qui est

$$31+28+31+30+31+30+31+31+30+31$$

ou 304 jours :

le jour cherché sera donc le 20e du mois de novembre.

Le 20 novembre 1815 dans le calendrier julien correspond au 2 décembre de la même année dans le calendrier grégorien (n. 1000).

1019. Du 1er jour de l'année de l'hégire 1231 au 1er jour de l'année 1249 de la même ère il y a un intervalle de 18 années, dont 7 ont 365 j. et les 11 autres 354 (n. 1016), en tout 6379 j. : le 1er j. de l'année 1231 sera donc le 6380[e]. Retranchez de ce nombre les 29 derniers j. de l'année 1815, il reste 6351 j. à compter du 1er janvier 1816. Divisez ces 6351 j. par 365, le reste sera 146 j. et le quotient 17 années, dont 5 ont été bissextiles ; il faut retrancher encore 5 j. du reste 146 : le jour cherché sera donc le 141e de l'année 1833. La somme des jours des 4 premiers mois de cette année est 31+28+31+30 ou 120 j. Retranchez 120 de 141, il reste 21 : le jour cherché est donc le 21e du mois de mai.

Si l'année lunaire avait 365 j., l'année 1249 de l'hégire, qui a commencé le 21 mai 1833, eût fini le 20 mai 1834. Puisque cette année n'est que de 354 j., elle a dû finir 11 j. plus tôt, c'est-à-dire le 9 mai 1834.

1020. CALENDRIER MUSULMAN

Pour l'année 1249 de l'hégire, 19e du 42e cycle

(1833 - 1834).

1. MOHARREM (ou Muharrem).	MAI.
1 thaleth	21 mardi
2 arbaa	22 mercredi
3 khamis	23 jeudi
4 djoumada	24 vendredi
5 elsabt	25 samedi
6 Ahad	26 Dimanche
7 thani	27 lundi
8 thaleth	28 mardi
9 arbaa	29 mercredi
10 khamis *	30 jeudi
11 djoumada	31 vendredi

* Ashura (jour de jeûne).

Suite de Moharrem.		Juin.
12 elsabt		1 samedi
13 Ahad	jours heureux	2 Dimanche
14 thani	jours heureux	3 lundi
15 thaleth	jours heureux	4 mardi
16 arbaa		5 mercredi
17 khamis		6 jeudi
18 djoumada		7 vendredi
19 elsabt		8 samedi
20 Ahad		9 Dimanche
21 thani		10 lundi
22 thaleth		11 mardi
23 arbaa		12 mercredi
24 khamis		13 jeudi
25 djoumada		14 vendredi
26 elsabt		15 samedi
27 Ahad		16 Dimanche
28 thani		17 lundi
29 thaleth		18 mardi
30 arbaa		19 mercredi
2. SSAFAR (ou Ssafer).		
1 khamis		20 jeudi
2 djoumada		21 vendredi
3 elsabt		22 samedi
4 Ahad		23 Dimanche
5 thani		24 lundi
6 thaleth		25 mardi
7 arbaa		26 mercredi
8 khamis		27 jeudi
9 djoumada		28 vendredi
10 elsabt		29 samedi
11 Ahad		30 Dimanche

Suite de Ssafar.	Juillet.
12 thani	1 lundi
13 thaleth } jours heureux	2 mardi
14 arbaa	3 mercredi
15 khamis	4 jeudi
16 djoumada	5 vendredi
17 elsabt	6 *samedi*
18 Ahad	7 Dimanche
19 thani	8 lundi
20 thaleth	9 mardi
21 arbaa	10 mercredi
22 khamis	11 jeudi
23 djoumada	12 vendredi
24 elsabt	13 samedi
25 Ahad	14 Dimanche
26 thani	15 lundi
27 thaleth	16 mardi
28 arbaa	17 mercredi
29 khamis	18 jeudi
5. RHABY' EL ALOUEL (ou Rébéii I).	
1 djoumada	19 vendredi
2 elsabt	20 samedi
3 Ahad	21 Dimanche
4 thani	22 lundi
5 thaleth	23 mardi
6 arbaa	24 mercredi
7 khamis	25 jeudi
8 djoumada	26 vendredi
9 elsabt	27 samedi
10 Ahad	28 Dimanche
11 thani	29 lundi
12 thaleth *	30 mardi
13 arbaa (j. h.)	31 mercredi

Mevloud (anniversaire de la naissance et de la mort de Mahomet).

SUITE DE RHABY' EL ALOUEL.	AOUT.
14 khamis (j. h.)	1 jeudi
15 djoumada (j. h.)	2 vendredi
16 elsabt	3 samedi
17 Ahad	4 Dimanche
18 thani	5 lundi
19 thaleth	6 mardi
20 arbaa	7 mercredi
21 khamis	8 jeudi
22 djoumada	9 vendredi
23 elsabt	10 samedi
24 Ahad	11 Dimanche
25 thani	12 lundi
26 thaleth	13 mardi
27 arbaa	14 mercredi
28 khamis	15 jeudi
29 djoumada	16 vendredi
30 elsabt	17 samedi
4. RHABY' EL THANY (ou Rébéii II).	
1 Ahad	18 Dimanche
2 thani	19 lundi
3 thaleth	20 mardi
4 arbaa	21 mercredi
5 khamis	22 jeudi
6 djoumada	23 vendredi
7 elsabt	24 samedi
8 Ahad	25 Dimanche
9 thani	26 lundi
10 thaleth	27 mardi
11 arbaa	28 mercredi
12 khamis	29 jeudi
13 djoumada (j. h.)	30 vendredi
14 elsabt (j. h.)	31 samedi

Suite de Rhady' el thany.		Septembre.
15 Ahad (j. h.)		1 Dimanche
16 thani		2 lundi
17 thaleth		3 mardi
18 arbaa		4 mercredi
19 khamis		5 jeudi
20 djoumada		6 vendredi
21 elsabt		7 samedi
22 Ahad		8 Dimanche
23 thani		9 lundi
24 thaleth		10 mardi
25 arbaa		11 mercredi
26 khamis		12 jeudi
27 djoumada		13 vendredi
28 elsabt		14 samedi
29 Ahad		15 Dimanche
5. DJEMAD EL ALOUEL (ou Djémasi I).		
1 thani		16 lundi
2 thaleth		17 mardi
3 arbaa		18 mercredi
4 khamis		19 jeudi
5 djoumada		20 vendredi
6 elsabt		*21 samedi
7 Ahad		22 Dimanche
8 thani		23 lundi
9 thaleth		24 mardi
10 arbaa		25 mercredi
11 khamis		26 jeudi
12 djoumada		27 vendredi
13 elsabt	jours heureux	28 samedi
14 Ahad		29 Dimanche
15 thani		30 lundi

SUITE DE DJEMAD EL ALOUEL.	OCTOBRE.
16 thaleth	1 mardi
17 arbaa	2 mercredi
18 khamis	3 jeudi
19 djoumada	4 vendredi
20 elsabt *	5 samedi
21 Ahad	6 Dimanche
22 thani	7 lundi
23 thaleth	8 mardi
24 arbaa	9 mercredi
25 khamis	10 jeudi
26 djoumada	11 vendredi
27 elsabt	12 samedi
28 Ahad	13 Dimanche
29 thani	14 lundi
30 thaleth	15 mardi
6. DJEMAD EL THANY (ou Djémasi II).	
1 arbaa	16 mercredi
2 khamis	17 jeudi
3 djoumada	18 vendredi
4 elsabt	19 samedi
5 Ahad	20 Dimanche
6 thani	21 lundi
7 thaleth	22 mardi
8 arbaa	23 mercredi
9 khamis	24 jeudi
10 djoumada	25 vendredi
11 elsabt	26 samedi
12 Ahad	27 Dimanche
13 thani } jours heureux	28 lundi
14 thaleth } jours heureux	29 mardi
15 arbaa } jours heureux	30 mercredi
16 khamis	31 jeudi

*Anniversaire de la prise de Constantinople.

SUITE DE DJEMAD EL THANY.	NOVEMBRE.
17 djoumada	1 vendredi
18 elsabt	2 samedi
19 Ahad	3 Dimanche
20 thani	4 lundi
21 thaleth	5 mardi
22 arbaa	6 mercredi
23 khamis	7 jeudi
24 djoumada	8 vendredi
25 elsabt	9 samedi
26 Ahad	10 Dimanche
27 thani	11 lundi
28 thaleth	12 mardi
29 arbaa	13 mercredi
7. REDJEB.	
1 khamis	14 jeudi
2 djoumada	15 vendredi
3 elsabt	16 samedi
4 Ahad	17 Dimanche
5 thani	18 lundi
6 thaleth	19 mardi
7 arbaa	20 mercredi
8 khamis	21 jeudi
9 djoumada	22 vendredi
10 elsabt	23 samedi
11 Ahad	24 Dimanche
12 thani	25 lundi
13 thaleth } jours heureux	26 mardi
14 arbaa } jours heureux	27 mercredi
15 khamis } jours heureux	28 jeudi
16 djoumada	29 vendredi
17 elsabt	30 samedi

Suite de Redjeb.	Décembre.
18 Ahad	1 Dimanche
19 thani	2 lundi
20 thaleth	3 mardi
21 arbaa	4 mercredi
22 khamis	5 jeudi
23 djoumada	6 vendredi
24 elsabt	7 samedi
25 Ahad	8 Dimanche
26 thani	9 lundi
27 thaleth	10 mardi
28 arbaa	11 mercredi
29 khamis *	12 jeudi
30 djoumada	13 vendredi
8. CHA'BAN.	
1 elsabt	14 samedi
2 Ahad	15 Dimanche
3 thani	16 lundi
4 thaleth	17 mardi
5 arbaa	18 mercredi
6 khamis	19 jeudi
7 djoumada	20 vendredi
8 elsabt	21 samedi
9 Ahad	22 Dimanche
10 thani	23 lundi
11 thaleth	24 mardi
12 arbaa	25 mercredi
13 khamis } jours heureux	26 jeudi
14 djoumada } jours heureux	27 vendredi
15 elsabt ** } jours heureux	28 samedi
16 Ahad	29 Dimanche
17 thani	30 lundi
18 thaleth	31 mardi

* Anniversaire de l'ascension de Mahomet au Ciel, sur l'âne al Borak.

** Le 15 de ce mois est la nuit de Barah; c'est l'anniversaire

Suite de Cha'ban.		Janvier.	
19	arbaa	1	mercredi
20	khamis	2	jeudi
21	djoumada	3	vendredi
22	elsabt	4	samedi
23	Ahad	5	Dimanche
24	thani	6	lundi
25	thaleth	7	mardi
26	arbaa	8	mercredi
27	khamis	9	jeudi
28	djoumada	10	vendredi
29	elsabt	11	samedi

9. RAMADAN.

[Tout ce mois est consacré au jeûne.]

1	Ahad		12	Dimanche
2	thani		13	lundi
3	thaleth		14	mardi
4	arbaa		15	mercredi
5	khamis		16	jeudi
6	djoumada		17	vendredi
7	elsabt		18	samedi
8	Ahad		19	Dimanche
9	thani		20	lundi
10	thaleth		21	mardi
11	arbaa		22	mercredi
12	khamis		23	jeudi
13	djoumada	jours heureux	24	vendredi
14	elsabt	jours heureux	25	samedi
15	Ahad	jours heureux	26	Dimanche
16	thani		27	lundi
17	thaleth		28	mardi
18	arbaa		29	mercredi
19	khamis		30	jeudi
20	djoumada		31	vendredi

de l'époque où, pour la première fois, l'Alcoran est descendu du ciel en totalité.

SUITE DE RAMADAN.		FÉVRIER.
21 elsabt		1 samedi
22 Ahad		2 Dimanche
23 thani		3 lundi
24 thaleth		4 mardi
25 arbaa		5 mercredi
26 khamis		6 jeudi
27 djoumada*		7 vendredi
28 elsabt		8 samedi
29 Ahad		9 Dimanche
30 thani		10 lundi
10. CHAOUL (ou Chewal).		
1 thaleth **		11 mardi
2 arbaa **		12 mercredi
3 khamis **		13 jeudi
4 djoumada		14 vendredi
5 elsabt		15 samedi
6 Ahad		16 Dimanche
7 thani		17 lundi
8 thaleth		18 mardi
9 arbaa		19 mercredi
10 khamis		20 jeudi
11 djoumada		21 vendredi
12 elsabt		22 samedi
13 Ahad	jours heureux	23 Dimanche
14 thani	jours heureux	24 lundi
15 thaleth	jours heureux	25 mardi
16 arbaa		26 mercredi
17 khamis		27 jeudi
18 djoumada		28 vendredi

* *Laital el Kadu*, la nuit de la puissance, pendant laquelle le Coran commença à descendre du Ciel.

** Jours de fête du Grand Beiram.

SUITE DE CHAOUL.		MARS.
19 elsabt		1 samedi
20 Ahad		2 Dimanche
21 thani		3 lundi
22 thaleth		4 mardi
23 arbaa		5 mercredi
24 khamis		6 jeudi
25 djoumada		7 vendredi
26 elsabt		8 samedi
27 Ahad		9 Dimanche
28 thani		10 lundi
29 thaleth		11 mardi
11. DOUL-QADÉH (ou Zyl Kideh).		
1 arbaa		12 mercredi
2 khamis		13 jeudi
3 djoumada		14 vendredi
4 elsabt		15 samedi
5 Ahad		16 Dimanche
6 thani		17 lundi
7 thaleth		18 mardi
8 arbaa		19 mercredi
9 khamis		20 jeudi
10 djoumada		21 vendredi
11 elsabt		22 samedi
12 Ahad		23 Dimanche
13 thani	jours heureux	24 lundi
14 thaleth	jours heureux	25 mardi
15 arbaa	jours heureux	26 mercredi
16 khamis		27 jeudi
17 djoumada		28 vendredi
18 elsabt		29 samedi
19 Ahad		30 Dimanche
20 thani		31 lundi

Suite de Doul-Qadéh.	Avril.
21 thaleth	1 mardi
22 arbaa	2 mercredi
23 khamis	3 jeudi
24 djoumada	4 vendredi
25 elsabt	5 samedi
26 Ahad	6 Dimanche
27 thani	7 lundi
28 thaleth	8 mardi
29 arbaa	9 mercredi
30 khamis	10 jeudi
12. DYL-HHAGÉH (ou Zyl Hhidgdhé).	
1 djoumada	11 vendredi
2 elsabt	12 samedi
3 Ahad	13 Dimanche
4 thani	14 lundi
5 thaleth	15 mardi
6 arbaa	16 mercredi
7 khamis	17 jeudi
8 djoumada	18 vendredi
9 elsabt	19 samedi
10 Ahad *	20 Dimanche
11 thani	21 lundi
12 thaleth	22 mardi
13 arbaa } jours heureux	23 mercredi
14 khamis } jours heureux	24 jeudi
15 djoumada } jours heureux	25 vendredi
16 elsabt	26 samedi
17 Ahad	27 Dimanche
18 thani	28 lundi
19 thaleth	29 mardi
20 arbaa	30 mercredi

* Petit Beiram, ou jour de Pâques.

SUITE DE DYL-HHAGÉH.	MAI.
21 khamis	1 jeudi
22 djoumada	2 vendredi
23 elsabt	3 samedi
24 Ahad	4 Dimanche
25 thani	5 lundi
26 thaleth	6 mardi
27 arbaa	7 mercredi
28 khamis	8 jeudi
29 djoumada	9 vendredi

1021. Cette date correspond au mardi 10 août 1833.

1022. Cette date correspond au *thaleth*, 15ᵉ du mois *moharrem*, an 1249 de l'hégire.

1023. 74 cycles de 60 ans font 4440 ans. Si on retranche de ce nombre les 2637 années écoulées depuis le commencement de l'ère chinoise jusqu'à la naissance de J.-C., le reste, 1803, exprimera le nombre d'années de l'ère chrétienne nécessaires pour compléter les 74 cycles : le 75ᵉ cycle a donc commencé en 1804.

1024. 30 est un multiple de 10, et 30 divisé par 12 donne pour reste 6 : pour former le nom de l'année demandée il faut donc combiner le 10ᵉ *kan* avec le 6ᵉ *tchi*, ce qui donne *kouey-ssé*.

1025. L'année chinoise qui a commencé au printemps de 1835 est la 32ᵉ du 75ᵉ cycle : le millésime demandé est donc $74 \times 60 + 32$ ou 4472. On obtient son nom en combinant le 2ᵉ *kan* avec le 8ᵉ *tchi* (2 et 8 étant les restes de la division de 32 par 10 et par 12) : ce nom est donc *y-ouey*.

1026. L'origine de l'an I est le 22 septembre 1792,
celle de l'an II 22 1793,
celle de l'an III 22 1794;
mais l'an III ayant 366 jours, l'an IV commence
un jour plus tard, c'est-à-dire le 23 septembre 1795.

L'an IV ayant 365 jours, l'an V devrait avoir pour origine le 23 septembre 1796; mais cette année 1796 étant bissextile, et ses 8 premiers mois faisant partie de l'an IV, l'origine de l'an V se trouve rétablie au
22 septembre 1796,
celle de l'an VI est encore le 22 1797,
celle de l'an VII 22 1798;
mais l'an VII ayant 366 jours, l'an VIII commence
un jour plus tard, c'est-à-dire le 23 septembre 1799.

L'an VIII n'a que 365 jours, et l'année 1800 qui en fait partie est une année séculaire non bissextile : l'origine de l'an IX reste donc au 23 septembre 1800,
celle de l'an X 23 1801,
celle de l'an XI 23 1802;
mais l'an XI ayant 366 jours, l'an XII commence
un jour plus tard, c'est-à-dire le 24 septembre 1803.

L'année 1804, dont les 8 premiers mois font partie de l'an XII, étant bissextile, l'origine de l'an XIII
se trouve reportée au 23 septembre 1804;
enfin l'origine de l'an XIV est au 23 1805.

1027. Du 23 septembre 1805 au 1er janvier 1806 il y a 100 jours (y compris le 23 septembre, qui est le premier jour de l'année), qui, divisés par 30, donnent pour quotient 3 mois et pour reste 10 jours : le 1er janvier 1806 correspond donc au 11e jour du 4e mois de la 14e année de l'ère républicaine, c'est-à-dire au 11 nivose an XIV.

1028. La date de cet événement correspond au 25e jour du 9e mois de l'année républicaine, c'est-à-dire au 265e jour de cette année, qui a commencé le 23 septembre 1799. Or, du 23 septembre 1799 au 1er janvier 1800, il y a 100 jours : la date proposée correspond donc au 165e jour de l'année 1800 ; la somme des jours des 5 premiers mois de cette année est 31 + 28 + 31 + 30 + 31 ou 151 jours, qui, retranchés de 165, donnent pour reste 14 : la date cherchée est donc le 14 du 6e mois, c'est-à-dire le 14 juin 1800.

QUESTIONS
DE GÉODÉSIE ET DE GÉOGRAPHIE.

1029. D'une quantité égale à la différence de ces deux rayons, c'est-à-dire de 10963 toises.

1030. Le dénominateur de cette fraction sera le quotient (à moins d'une unité près) du rayon équatorial divisé par la différence des deux rayons. Ce quotient est 298 ou 299 : la fraction demandée est donc $\frac{1}{298}$ ou $\frac{1}{299}$.

1031. La toise contenant 864 lignes, si l'on multiplie le nombre 5131850 par 864, ce nombre sera converti en 4433918400 lignes, dont la dix-millionième partie est 443,3918400 ou simplement 443,392.

1032. La différence entre 443,440 et 443,392 est 0,048 ou 48 millièmes de ligne.

La différence entre 443,392 et 443,296 est 0,096 ou 96 millièmes de ligne.

Ainsi donc le mètre provisoire est trop long de 0,048 et le mètre définitif trop court de 0,096, ce qui fait une erreur double de la première.

1033.

On voit que de	0 à 10 l'accroissement est de	17 toises
	10 à 20	50
	20 à 30	76
	30 à 40	94
	40 à 50	99
	50 à 60	94
	60 à 70	76
	70 à 80	50
	80 à 90	18
	l'accroissement total est donc	574 toises

et c'est de 40 à 50 que l'accroissement est le plus rapide, c'est-à-dire vers 45 degrés.

L'accroissement total aurait pu s'obtenir en faisant

la différence des valeurs extrêmes 56734 et 57308 t.

1034.

La valeur des deux degrés de latitude est	56801 toises
et	57070
la moyenne ou demi-somme est donc	56935 toises
En la multipliant par la différence en latitude, qui est 30, on trouve (en négligeant les trois derniers chiffres à droite).	1708000
Le carré de ce nombre est	2917000000000
La valeur du degré de longitude aux deux latitudes données est	53693 toises
et	36786
dont la moyenne est	45239 toises
En la multipliant par la différence en longitude, qui est 32, on trouve (en négligeant les trois derniers chiffres à droite).	1447000
Le carré de ce nombre est	2093000000000
la somme des deux carrés est à peu près	5010000000000
Le plus grand carré contenu dans cette somme est	4000000000000
dont la racine	2000000

peut être prise approximativement pour la distance cherchée.

1035. Il faut prendre la 25e partie de 57021 toises : la division donne pour la valeur de la lieue 2280 toises.

1036. Il faut diviser cette distance exprimée en

toises par la valeur de la lieue en toises, c'est-à dire 2000000 toises par 2280 toises : la division donne 877 lieues pour la valeur de cette distance.

1037.

La valeur du 20e degré de latitude est	56801 toises
Cette valeur, croissant de 76 toises de 20° à 30°, doit croître d'environ 38 toises de 20° à 25°, et sera	56839
la moyenne de ces deux valeurs est	56820 toises
En la multipliant par 45, somme des deux latitudes, on trouve	2557000
dont le carré est à peu près	6538000000000
La valeur du degré de longitude, à 20 et 25 degrés de latitude, est	53693 toises
et	51796
la moyenne est donc	52744 toises
En la multipliant par 40, qui est la différence des longitudes, on trouve	2110000
dont le carré est à peu près	4452000000000
la somme des deux carrés est	10990000000000

et la racine carrée de cette somme est à peu près 3316000 toises.

1038. La valeur moyenne du degré en toises étant 57021 toises, la lieue marine en est la 20e partie ou 2850 toises environ.

1039. Il faut diviser la valeur de cette distance en toises par la valeur de la lieue marine en toises, ou

3316000 toises par 2850 toises : on trouve pour quotient environ 1164 lieues.

1040.

La valeur du 30e degré de latitude étant et cette valeur croissant de 94 toises de 30° à 40°, sera d'environ 47 toises de plus à 35° qu'à 30°, c'est-à-dire	56877 toises 56924
La valeur du 50e degré de latitude est	57070 toises
la moyenne de ces deux valeurs est donc	56997 toises
En la multipliant par la différence en latitude, qui est 15, on trouve	854000
dont le carré est à peu près	729300000000
La valeur du degré de longitude à 35 et à 50 degrés de latitude est	46838 toises
et	36786
la moyenne de ces deux valeurs est donc	41812 toises
En la multipliant par la somme des deux longitudes, qui est 25, on trouve	1045000
dont le carré est à peu près	1092000000000
La somme de ces carrés est	1821300000000
dont la racine est à peu près	1350000

1041. Il faut diviser cette distance exprimée en toises par la lieue de poste exprimée en toises, c'est-à-dire 1350000 toises par 2000 toises : le quotient est 675 lieues de poste.

1042. Le degré de latitude entre 40e et 50° a une valeur moyenne de 57020 toises.

La différence entre les deux latitudes données est

5° 47' 5" ou 20825", c'est-à-dire $\frac{20825}{3600}$ de degré.

En multipliant la moyenne par cette fraction, on trouve pour produit 329844 toises.

La valeur du degré de longitude à 43° et à 48° de latitude est 41837 toises
et 38289

la moyenne est donc 40063 toises

La différence entre les deux longitudes données, dont l'une est zéro, est 3° 35' 26" ou $\frac{12926}{3600}$ de degré.

En multipliant par cette fraction la valeur moyenne du degré de longitude, on a pour produit 143848 toises.

Si l'on ajoute les carrés des deux produits obtenus, on trouvera environ 130000000000 toises, dont la racine carrée divisée par 2280 toises donnera pour quotient environ 158 lieues.

1043. On aura cette valeur en divisant la valeur du degré 57021 toises par 15 : on trouve pour quotient 3800 toises.

1044. Puisque 15 milles géographiques valent 25 lieues communes ou 20 lieues marines, en supprimant le facteur 5 commun à ces trois nombres on peut dire que 3 milles géographiques valent 5 lieues communes ou 4 lieues marines.

1045. D'après ce qui vient d'être dit, le carré de 3 milles géographiques, ou 9 milles géographiques carrés, est égal au carré de 5 lieues communes ou à 25 lieues communes carrées.

De même 9 milles géographiques carrés valent 4 fois 4 ou 16 lieues marines carrées.

1046.

Puisque 9 milles carrés valent		25 lieues carrées
1	vaut	$\frac{25}{9}$
et 25000	valent	$\frac{25 \times 25000}{9}$
	c'est-à-dire	69444

1047.

Puisque 25 lieues carrées valent		9 milles carrés
1	vaut	$\frac{9}{25}$
et 54000	valent	$\frac{9 \times 54000}{25}$

ou 19440 milles géographiques carrés.

1048. A la longitude de New-York rapportée au méridien de Greenwich ajoutez la longitude de Greenwich rapportée au méridien de Paris ; la somme sera la longitude de New-York rapportée au méridien de Paris :

Longitude de New-York rapportée au méridien de Greenwich	74° 3' 27"
Longitude de Greenwich rapportée au méridien de Paris	2° 20' 24"
somme, ou longitude de New-York rapportée au méridien de Paris	76° 23' 51"

1049. De la longitude du Cap au méridien de Greenwich — 18° 30' 9"
retranchez la longitude de Greenwich au méridien de Paris — 2° 20' 24"

la différence — 16° 9' 45"

sera la longitude du Cap rapportée au méridien de Paris.

1050. Puisqu'il passe en 24 heures 360° de longitude devant le soleil, il en passe en 1 heure $\frac{360}{24}$ ou 15 : il passe donc dans 1 minute de temps $\frac{15°}{60}$ ou 15 minutes de longitude, et en 1 seconde de temps $\frac{15'}{60}$ ou 15 secondes de longitude.

1051. La longitude de New-York est 76° 23' 51' ou 275031". Puisque 15 secondes de longitude correspondent à 1 seconde de temps, on aura le temps cherché en divisant 275031" par 15. On trouve pour quotient 18335 $\frac{2}{5}$ secondes de temps, qui valent 5 h. 5 m. 35" $\frac{2}{5}$.

1052. La longitude du Cap, 16° 9' 45" ou 58185", étant divisée par 15, donne pour quotient 3879 secondes de temps ou 1 h. 4 m. 39 s.

1053. Puisque Paris compte midi, 5 h. 5 m. 35 s.

plus tôt que New-York, en retranchant ce nombre de l'heure de Paris, on aura l'heure correspondante de New-York. Pour rendre cette sonstraction possible, il faut ajouter 12 à l'heure de Paris, qui deviendra

	16 h.	32 m.	» s.
du matin ; et, si l'on en retranche	5	5	35
le reste	11 h.	26 m.	25 s.

du matin, sera l'heure correspondante de New-York.

1054. Cet éloignement est la différence entre la

latitude de Paris	48° 50' 14"
et la latitude du tropique	23° 27' 34"
c'est-à-dire	25° 22' 40"
pour le solstice d'été ; et la somme de ces deux quantités, ou	72° 17' 48"

pour le solstice d'hiver.

1055. L'horizon d'un lieu étant éloigné de 90° de sa verticale, on aura l'élévation cherchée en retranchant de 90° l'éloignement du soleil à la verticale de Paris pour les deux époques données, c'est-à-dire

90° — (25° 22' 40") ou 64° 37' 20"

pour le solstice d'été, et

90° — (72° 17' 48") ou 17° 42' 12"

pour le solstice d'hiver.

1056. La latitude des cercles polaires est la différence entre 90° et 23° 27' 34", c'est-à-dire 66° 32' 26".

1057. Cette valeur est la 90e partie de 10000000 mètres, ou 111111 mètres.

1058. Cette valeur est la 25ᵉ partie de 111111 mètres ou 4444 mètres.

1059. Cette valeur est la 20ᵉ partie de 111111 mètres ou 5555 mètres.

1060. Cette valeur est la 15ᵉ partie de 111111 mètres ou 7407 mètres.

1061. Pour avoir cette valeur en toises, prenez la 60ᵉ partie de 57021 toises, ou 950 toises.
Pour avoir cette même valeur en mètres, prenez la 60ᵉ partie de 111111 mètres ou 1852 mètres.

1062. Cette valeur en toises est $\frac{950 \text{ toises}}{60}$ ou 16 toises ; la même valeur en mètres est $\frac{1852 \text{ mètres}}{60}$ ou 32 mètres.

1063. Le contour de la terre, étant de 360°, comprend 360 fois 25 lieues, ou 9000 lieues.

1064. Appelons D le diamètre de l'équateur, d le diamètre des pôles et a le rapport $\frac{355}{113}$; la surface des deux sphères sera $a \times D^2$ et $a \times d^2$: la moyenne sera donc $\frac{a \times (D^2 + d^2)}{2}$. En doublant les données du n. 1029, et faisant le carré du résultat, on trouve

pour le carré du grand diamètre	42838300000000
et pour celui du petit	42550800000000
leur somme est donc	85389100000000
et leur moyenne	42694550000000

Cette moyenne, multipliée par 355, donne pour produit 15156565000000000, qui, divisé par 113, donne pour quotient environ 134128000000000 toises carrées.

1065. En appelant R et r les rayons de l'équateur et du pôle, ce volume sera représenté par

$$\frac{R^2 \times r \times 355 \times 4}{113 \times 3}$$

et son logarithme se composera

1° de 2 fois log R	ou	13,0297692
2° de log r	ou	6,5134231
3° de log 355	ou	2,5502283
4° de log 4	ou	0,6020599
en somme		22,6954805

Moins 1° log 113	ou	2,0530784	
2° log 3	ou	0,4771212	
en somme		2,5301996	2,5301996
la différence est			20,1652808

Le nombre qui correspond à ce logarithme est environ 146312000000000000000 toises cubes.

1066. Pour exprimer en lieues de poste carrées le nombre 134128000000000 toises carrées, il faut le diviser par le carré de 2000 toises, c'est-à-dire par

4000000 toises carrées : on trouve pour quotient environ 33532000 lieues de poste carrées.

Pour exprimer en lieues de poste cubes le nombre 146312000000000000000 toises cubes, il faut le diviser par le cube de 2000 toises, c'est-à-dire par 8000000000 toises cubes : on trouve pour quotient environ 18289000000 lieues de poste cubes.

QUESTIONS DE MÉCANIQUE.

1067. Posez la proportion

$$8 : 15 :: 150 \text{ k.} : x,$$

d'où $$x = \frac{150 \text{ k} \times 15}{8} = 281 \text{k.},25$$

1068. Posez la proportion

$$15 : 13 :: 31 \text{ gr.} : x,$$

d'où $$x = \frac{31 \text{ gr.} \times 13}{15} = 26 \text{ gr.} \frac{13}{15}$$

1069. Le poids supporté à chaque extrémité de la perche sera en raison inverse de la distance de cette extrémité au point où le fardeau est suspendu : il faut donc que ce fardeau soit plus rapproché des trois porteurs, et que les deux parties de la perche soient entre elles comme 2 : 3. On obtient ce résultat en suspendant le fardeau à une distance des trois porteurs qui soit une fraction de la longueur de la perche marquée par $\frac{2}{2+3}$ ou $\frac{2}{5}$, c'est-à-dire à 14 décimètres de ces porteurs.

1070. Les poids sont en raison inverse des bras de la balance qui les supportent, et on a la proportion

$$38 : 37{,}5 :: 215 \text{ gr.} : x,$$

d'où l'on tire

$$x = \frac{215 \text{ gr.} \times 37{,}5}{38} = 212\text{gr.},171$$

1071. Soient a et b la longueur des deux bras de la balance, et P le poids du corps que l'on pèse.

Je suppose qu'en le plaçant du côté a il fasse équilibre à 156 grammes, on a alors la proportion

$$(1) \quad a : b :: 156 : \text{P}$$

En le plaçant du côté b il fait équilibre à 157 grammes ; on aura la proportion

$$(2) \quad a : b :: \text{P} : 157$$

Si l'on multiplie ces deux proportions terme à terme, et qu'on supprime le facteur P, qui deviendrait commun aux deux termes du second rapport, il viendra

$$a^2 : b^2 :: 156 : 157 :: 1 : \frac{157}{156}$$

ou $$a^2 : b^2 :: 1 : 1{,}00641$$

et par suite

$$a : b :: 1 : \text{racine carrée de } 1{,}00641$$

c'est-à-dire $$:: 1 : 1{,}00319$$

1072. Si l'on appelle b la longueur du bras fixe,

x la longueur du bras variable, P le poids du corps auquel on veut faire équilibre, il faudra qu'on ait constamment 1 liv. : P :: b : x

Il faut donc que le bras variable augmente en raison du poids P.

Ainsi, pour faire équilibre

à 1 liv., ce bras sera de	7 centimèt.
à 2 liv.,	2 fois 7 ou 14
à 3 liv.,	3 fois 7 ou 21
à 4 liv.,	4 fois 7 ou 28
etc.	etc.
à 10 liv.,	10 fois 7 ou 70

1073. Cette machine peut être considérée comme un levier dont l'un des bras est le rayon du cylindre et l'autre bras la longueur de la manivelle. On a donc

le poids : la force :: 4 décimètres : 15 centimètres
ou :: 40 centimètres : 15 centimètres
ou enfin :: 8 : 3

1074. Posez la proportion

15 m. (long. du plan) : 1,2 m. (élév.) :: 520 k. : x,

d'où $$x = \frac{520 \text{ k.} \times 1{,}2}{15} = 41\text{k.},6$$

1075. Ces forces sont entre elles

comme $$\frac{15 \times \frac{355}{113}}{3} \text{ est à } \frac{27 \times \frac{355}{113}}{2}$$

ou, en supprimant le facteur $\frac{355}{113}$, qui est commun aux deux termes du rapport,

$$\text{comme } \frac{15}{3} : \frac{27}{2} \quad \text{ou} \quad \text{comme } \frac{5}{3} : \frac{9}{2}$$

$$\text{ou enfin} \quad \text{comme } 10 : 27$$

1076. La force d'une vis croissant comme le quotient de sa circonférence par la longueur de son pas, la pression exercée, en appliquant immédiatement à la vis donnée une force de 100 kilogrammes, serait

$$100\text{ k.} \times \frac{0\text{m.},07 \times \frac{355}{113}}{0\text{m.},005} = \text{P}$$

Mais, la force étant appliquée à l'extrémité d'un levier de 1m.,2, on aura la proportion

le rayon de la vis ou 0m.,035 : 1m.,2 :: P : x,

d'où

$$x = \frac{\text{P} \times 1\text{m.},2}{0\text{m.},035} = 100\text{ k.} \times \frac{0\text{m.},07 \times \frac{355}{113} \times 1\text{m.},2}{0\text{m.},005 \times 0\text{m.},035}$$

$$= \frac{100\text{k.} \times 70 \times 355 \times 1200}{5 \times 113 \times 35} = \frac{2982000000\text{ k}}{19775}$$

et enfin $\quad x = 150796\text{ k.}$

1077. Ces forces sont entre elles

$$\text{comme } \frac{25}{5} : \frac{36}{4} \quad \text{ou} \quad \text{comme } 5 : 9$$

1078. Quand la première roue aura fait un tour, la seconde en aura fait $\frac{48}{12}$ ou 4 : ainsi, quand la première en aura fait 100, la seconde en aura fait 400.

Quand la seconde aura fait un tour, la troisième en aura fait $\frac{12}{8}$ ou $\frac{3}{2}$: ainsi, quand la seconde en aura fait 400, la troisième en aura fait 400 fois $\frac{3}{2}$ ou 600.

1079. Pour que la troisième roue fasse un tour, il faut que la seconde en fasse $\frac{54}{24}$; pour que la seconde fasse un tour, il faut que la première en fasse $\frac{24}{18}$; pour que la seconde en fasse $\frac{54}{24}$, il faut donc que la première en fasse $\frac{54}{24}$ fois $\frac{24}{18}$, ou $\frac{54 \times 24}{24 \times 18}$. Pour que la troisième fasse 15 tours, il faut donc que la première en fasse 15 fois $\frac{54 \times 24}{24 \times 18}$, c'est-à-dire $\frac{54 \times 24 \times 15}{24 \times 18}$ ou $\frac{54 \times 15}{18}$ ou 3×15 ou enfin 45.

On voit que le nombre 24 disparaît du résultat : ce résultat serait donc le même si la seconde roue, au lieu d'avoir 24 dents, en avait un nombre quelconque, ou si la première et la troisième roues engrenaient ensemble.

1080. Le résultat sera le même que si les deux roues engrenaient ensemble. Si la première fait 1 tour, la seconde en fera $\frac{15}{60}$ ou $\frac{1}{4}$: si donc la première en fait 28, la seconde en fera $\frac{28}{4}$ ou 7.

1081. Les circonférences de ces poulies étant entre elles comme leurs rayons, leurs vitesses, qui sont dans le rapport inverse de leurs circonférences, seront aussi dans le rapport inverse de leurs rayons. La vitesse de la première sera donc à la vitesse de la seconde

comme 36 : 54 ou comme 2 : 3

1082. Les vitesses de ces roues, ou le nombre de tours qu'elles font dans le même temps, sont dans le rapport inverse de leurs circonférences et par conséquent de leurs rayons : les grandes roues feront donc 6 tours quand les petites en feront 8, ou 3 tours quand les petites en feront 4.

1083. L'usure sera dans le même rapport que leurs vitesses, c'est-à-dire en raison inverse des rayons. Ainsi l'usure des petites roues sera à celle des grandes

comme 15 : 12 ou comme 5 : 4

—

QUESTIONS DE PHYSIQUE.

1084. Posez la proportion

$$1 : 6 \times 6 :: 4m.,9 : x,$$

d'où $x = 4m.,9 \times 36$ ou $x = 176m.,4$

1085. Le produit de 19m.,6 par 80 est 1568, dont la racine carrée est 39m.,59 ou 39m.,6 par seconde.

1086. Le nombre des oscillations faites dans le même temps est en raison inverse de la durée d'une oscillation. Or la durée d'une oscillation du premier pendule est à la durée d'une oscillation du second pendule comme la racine carrée de la longueur du premier est à la racine carrée de la longueur du second, c'est-à-dire

comme racine carrée de 961 : racine carrée de 841

ou comme 31 : 29.

Le nombre des oscillations faites en un jour par le premier sera donc au nombre d'oscillations faites en un jour par le second comme 29 : 31.

1087. Appelons x la profondeur cherchée, et t le

nombre de secondes employé par le son à parcourir cet espace, on aura

$$340 \text{ m.} \times t = x, \qquad \text{d'où} \quad t = \frac{x}{340}$$

le temps employé par la chute de la pierre sera donc

$$4'' \frac{1}{2} - \frac{x}{340} \quad \text{ou} \quad \frac{9}{2} - \frac{x}{340}$$

$$\text{ou enfin} \quad \frac{1530 - x}{340}$$

et on aura la proportion (n. 1084)

$$\text{le carré de } 1'' : \left(\frac{1530 - x}{340}\right)^2 :: 4,9 : x,$$

$$\text{d'où l'on tire} \quad \frac{(1530 - x)^2 \times 4,9}{115600} = x$$

$$\text{ou} \quad (1530 - x)^2 = \frac{115600\, x}{4,9}$$

$$\text{ou} \quad (1530 - x)^2 = 23592\, x \qquad (1)$$

On pourra par quelques tâtonnements découvrir le nombre qui, ôté de 1530, donne un reste dont le carré soit égal au produit de ce même nombre par 23592. Si l'on essaie les nombres 1, 10 et 100, on verra que les deux premiers rendent le premier membre plus grand que le second, et que le troisième nombre rend le premier membre plus petit que le second, mais approche davantage de la vérité. En essayant les nombres 90 et 80, on verra que l'erreur est en sens inverse et que 90 approche davantage de la vérité; et, si l'on essaie les nombres 89, 88, on verra que ce dernier nombre est la valeur cherchée à moins d'une unité près.

Les personnes qui savent un peu d'algèbre tireront de l'équation (1)

$$x = 13326 \pm \sqrt{(13326)^2 - (1530)^2}$$

Le second signe du radical est celui qui convient à la question, le premier ayant rapport à l'équation

$$(x - 1530)^2 = 23592\, x,$$

qui rentre dans l'équation (1), mais qui ne convient pas au problème.

En effectuant le calcul on trouvera

$$x = 13326 - \sqrt{175231110}$$

ou $x = 13326 - 13238 = 88$ m.

1088. Le temps employé par la lumière à parcourir la distance cherchée pouvant être négligé, on aura cet espace en faisant le produit de 340 m. par 5, ce qui donne 1700 m.

1089. A 8 fois 340 m., c'est-à-dire à 2720 m. du nuage orageux.

1090. 8 minutes 13 secondes font 493 secondes; si l'on divise la distance 34600000 lieues par 493, on aura l'espace parcouru par la lumière en 1 seconde. On trouve pour quotient 70000 lieues (en négligeant les 4 derniers chiffres à droite).

1091. Soit a la quantité égale de lumière que jettent sur le carton la chandelle et la lampe, et A la quantité de lumière que jetterait la lampe sur ce carton si elle n'en était éloignée que de 9 décimètres : les quantités a et A, relatives à la lampe, seront en raison inverse des distances correspondantes de la lampe au carton, et l'on aura

$$A : a :: 13^2 : 9^2 \quad \text{ou} \quad :: 169 : 81$$

on tire de là $A = \frac{169\,a}{81}$

Mais, puisqu'à 9 décimètres du carton la lampe donne une quantité de lumière égale à $\frac{169\,a}{81}$, tandis qu'à la même distance la chandelle ne donne qu'une quantité de lumière égale à a, l'intensité de la lumière de la lampe est donc à l'intensité de la lumière de la chandelle

$$:: \frac{169\,a}{81} : a \quad \text{ou} \quad :: 169 : 81$$

c'est-à-dire en raison *directe* des carrés des distances.

1092. L'intensité de la lumière de la lune est donc à celle de la chandelle :: $(4444 \text{ m.} \times 86000)^2 : 36$, ou bien la lumière de la lune vaut $\frac{(4444 \times 86000)^2}{36}$ chandelles.

Or le logarithme de 4444 est	3,6477741
celui de 86000 est	4,9344985
le logarithme de leur produit est donc	8,5822726
et celui du carré de ce produit	17,1645452
Si l'on en retranche le log de 36	1,5563025
le reste	15,6082427

est le logarithme du nombre cherché : ce logarithme correspond à peu près à 405700000000000.

1093. Le poids du volume d'eau déplacé, quand on pèse le corps dans l'eau, est la différence entre les deux poids 256 gr. et 137 gr.; cette différence est 119 gr. : la densité de ce corps est donc $\frac{256 \text{ gr.}}{119}$ ou 2,151.

1094. La pierre et le flacon plein d'eau pèsent ensemble 15 gr. + 246 gr. ou 261 gr., c'est-à-dire 7 grammes de plus que lorsque la pierre est introduite dans le flacon; cette perte de 7 grammes représente donc le poids de l'eau que la pierre a fait sortir du flacon, c'est-à-dire le poids d'un volume d'eau égal à celui de la pierre : la densité de cette pierre est donc $\frac{15 \text{ gr.}}{7}$ ou 2,143.

1095. Le poids du volume de mercure que le fer flottant déplace est égal au poids de ce fer puisqu'il y a équilibre; à poids égal la densité est en raison inverse du volume. On a donc 7,788 (ou la densité du fer) : 13,598 (ou la densité du mercure) :: le volume du mercure déplacé est au volume du fer flottant; le volume du mercure déplacé est donc une fraction du volume du fer représentée par $\frac{7,788}{13,598}$ ou 0,573 : cette fraction du volume du fer représente donc la portion de ce fer qui plonge dans le mercure.

1096. Un volume d'eau de 17 décimètres cubes pèse 17 kil.; à volume égal la densité est en raison directe du poids; le poids du corps poreux est donc à 17 kil. :: 0,952 : 1, puisque la densité de l'eau est prise pour unité : ce poids du corps poreux est donc 17 kil. $\times$ 0,952. Pour qu'il atteigne 17 kil., il faut donc que ce corps absorbe une quantité d'eau égale à la différence entre 17 kil. et 17 kil. $\times$ 0,952, c'est-à-dire égale à 17 kil. $\times$ (1 — 0,952), ou 17 kil. $\times$ 0,048, ou enfin 0,816 kil., ou 0,816 lit. d'eau.

1097. Le poids de l'eau contenue dans le flacon est 1310 gr. — 112 gr. ou 1198 gr.; le poids de l'huile contenue dans ce même flacon est 1210 gr. — 112 gr. ou 1098 gr. A volume égal, la densité étant proportionnelle au poids, la densité de l'huile est à celle de l'eau :: 1098 : 1198; et, puisque la densité de l'eau est prise pour unité, celle de l'huile est $\frac{1098}{1198}$ ou 0,917.

1098. Cela revient à chercher combien $\frac{18}{80}$ font de 100es, ou à réduire cette fraction en décimales. On parvient au même résultat en posant la proportion

$$80 : 100 :: 18 : x,$$

d'où $$x = \frac{18 \times 10}{8} = 22\,\frac{1}{2}$$

1099. Posez la proportion

$$100 : 80 :: 8 : x,$$

d'où l'on tire $$x = \frac{8 \times 8}{10} = 6{,}4 \text{ sous zéro.}$$

1100. L'intervalle entre la température de la glace

fondante et celle de l'eau bouillante est donc divisé dans le thermomètre de Fahrenheit en 212 — 32 ou 180 degrés; et 50 degrés de ce thermomètre valent 50 — 32 ou 18 degrés au dessus de la glace fondante. On a donc la proportion

$$180 : 100 :: 18 : x,$$

d'où $x = 10$ degrés.

1101. Puisque la glace fondante est marquée 32 dans le thermomètre de Fahrenheit, 23 degrés de ce thermomètre valent 9 degrés (32 — 23) au dessous de la glace fondante. On a donc la proporion

$$180 : 100 :: 9 : x,$$

d'où $x = 5$ degrés au dessous de la glace fondante.

1102. Posez la proportion

$$100 : 180 :: 15 : x,$$

d'où l'on tire

$x = \frac{15 \times 18}{10} = 27$ degrés au dessus de la glace fondante, c'est-à-dire 32 + 27 ou 59

1103. Posez la proportion

$$100 : 180 :: 3 : x,$$

d'où l'on tire

$x = \frac{18 \times 3}{10} = 5{,}4$ au dessous de la glace fondante, c'est-à-dire 32 — 5,4 ou 26,6

1104. 76 degrés Fahrenheit valent 76 — 32 ou 44

degrés au dessus de la glace fondante. On a donc la proportion

$$180 : 80 :: 44 : x,$$

d'où $x = \frac{44 \times 8}{18}$ ou $x = 19\ \frac{5}{9}$

1105. Pour obtenir cette dilatation pour 1 degré, il faut multiplier 2 m. par 0,0000122, et multiplier ce résultat par 25 pour avoir la dilatation relative à 25 degrés. On a donc

2 m. $\times$ 0,0000122 $\times$ 25
ou 0m.,00061 ou 0,61 millimètre

1106. Cette dilatation sera exprimée par

4 m. c. $\times$ 0,0000244 $\times$ 100 ou 0m.c.,00976
ou 97 centimètres carrés et 60 millimètres carrés (n. 373).

1107. Cette dilatation sera exprimée par

2 m. C. $\times$ 0,0000366 $\times$ 100 ou 0m.C.,00732
ou 7 décimètres cubes et 320 centimètres cubes (414).

1108. La dilatation pour 1 degré sera exprimée par $\frac{2l.,15}{5550}$. Pour 45 — 10 ou 35 degrés, elle sera donc

$$\frac{2l.,15 \times 35}{5550} = \frac{2l.,15 \times 7}{1110} = \frac{215\,l. \times 7}{111000} = 0l.,01356$$

Les 2 l.,15 deviennent donc

2l.,15 + 0l.,01356 ou 2l.,16356

1109. La dilatation du mercure pour 100 degrés est $\frac{100}{5550}$, celle du verre est $\frac{1}{374}$: la dilatation apparente du mercure se trouve donc diminuée de celle du verre et devient

$$\frac{100}{5550} - \frac{1}{374} \text{ ou } \frac{37400 - 5550}{5550 \times 374} = \frac{3185}{207570} \text{ ou } \frac{1}{65,17}$$

pour 100 degrés,

et par conséquent $\frac{1}{65,17 \times 100}$ ou $\frac{1}{6517}$ pour 1 degré.

1110. La dilatation du vase est la différence entre la dilatation réelle du liquide et sa dilatation apparente, c'est-à-dire

$$\frac{1}{5600} - \frac{1}{5800} \text{ ou } \frac{5800 - 5600}{5600 \times 5800} = \frac{1}{162400} \text{ par degré.}$$

1111. La dilatation, étant de 0,00375 pour 1 degré, est de 27 fois ce nombre, ou 0,10115 pour 27 degrés : 1 litre d'air devient donc 1 lit.,101.

1112. Soit x le volume du gaz à zéro; en passant à 20 degrés il deviendrait

$$x + x \times 20 \times 0,00375$$

ou $\quad x \times (1 + 20 \times 0,00375)$ ou $x \times 1,075$

Or son volume à cette température est 3 litres : on a donc

$$x \times 1,075 = 3 \text{l.}, \text{ d'où } x = \frac{3 \text{l.}}{1,075} = \frac{3000 \text{l.}}{1075} = 2 \text{l.},791$$

1113. Appelons x son volume à zéro, nous aurons

$$x \times (1 + 10 \times 0{,}00375) = 2{,}55\text{ l.}$$

d'où $$x = \frac{2\text{ l.},55}{1{,}0375} = \frac{25500}{10375} = 2\text{ l.},458$$

Son volume à 24 degrés sera donc

$$2\text{ l.},458 \times (1 + 24 \times 0{,}00375) = 2\text{ l.},458 \times 1{,}09 = 2\text{ l.},679$$

1114. Posez la proportion

$$850 : 760 :: 5\text{ l.} : x,$$

d'où $$x = \frac{760 \times 5\text{ l.}}{850} = 4\text{ l.},47$$

1115. La hauteur des colonnes d'eau et de mercure sera en raison inverse de leur poids, et l'on aura

$$1 : 13{,}598 :: 760\text{ millim.} : x,$$

d'où $x = 10334{,}48$ millim. ou 10m.,334

On aura de même pour les colonnes d'eau et d'air

1 : 770 :: 10m.,334 : x, d'où $x = 7957$m.,18

1116. 1 litre d'air pèse $\frac{1000\text{ gr.}}{770}$ ou 1gr.,298, ou plus simplement 1gr.,3.

1117. Puisque la pression de l'air équivaut en cette circonstance à une colonne de mercure de 760 millimètres, elle équivaut au poids d'une colonne d'eau de 10m.,334 (n. 1115) : cette colonne, ayant d'ailleurs 1 mètre carré de base, a par conséquent

10,334 mètres cubes de volume, ou, ce qui revient au même, 10334 décimètres cubes ou litres, et pèse 10334 kil.

1118. 1 mètre carré contenant 10000 centimètres carrés, la pression sur 1 centimètre carré est la 1000ᵉ partie de la pression sur 1 mètre carré, ou

$\frac{10334 \text{ k.}}{10000}$, c'est-à-dire 1k.,0334.

1119. 1 décimètre carré contient 100 centimètres carrés; 45 décimètres carrés font donc 4500 centimètres carrés, qui tous supporteront une pression égale de 50 kil. : la pression supportée par le piston sera donc de 4500 fois 50 kil. ou 225000 kil.

1120. La partie du glaçon qui plonge dans l'eau en déplace un volume égal à celui auquel se réduirait ce glaçon s'il passait à l'état liquide : il n'y a donc qu'un 15ᵉ de ce volume hors de l'eau; et, puisque ce 15ᵉ a 5 centimètres d'épaisseur, l'épaisseur totale du glaçon est de 15 fois 5 centimètres ou 75 centimètres.

1121. En appelant degré la quantité de chaleur nécessaire pour élever la température d'un kilogramme d'eau d'une division du thermomètre, on pourra dire

15 kil. d'eau	à 20 degrés font	300	degrés de chaleur
10	à 25	250	
	en tout	550	

répartis sur chacun des 15 + 10 ou 25 kil. du mélange : chaque kilogramme du mélange sera donc à $\frac{550}{25}$ ou 22 degrés de chaleur.

1122. Puisque la glace prête à se fondre peut être considérée comme de l'eau à 75° sous 0, on peut dire

4 kil. à 50° font 200° au dessus de 0
2 à 75° 150° au dessous de 0

la différence est 50° au dessus de 0

répartis sur les 4 + 2 ou 6 kil. du mélange : chaque kilogramme du mélange sera donc à $\frac{50°}{6}$ ou $8° \frac{1}{3}$ au dessus de 0.

1123. Puisque 2 kil. de glace prête à fondre représentent 150° au dessous de 0, et que 3 kil. d'eau à 40° ne représentent que 120° au dessus de 0, la totalité de la glace ne pourrait passer à l'état liquide ; il ne s'en fondrait qu'une portion exprimée par le quotient de 120° par 75°, c'est-à-dire 1,6 kil.

1124. Puisque la glace prête à se fondre peut être considérée comme étant à 75° au dessous de 0, la glace à 10° au dessous de 0 peut être considérée comme étant à 85° au dessous de 0, quand il s'agit de la faire passer à l'état liquide. Ainsi donc

10 kil. à 25° font 250° au dessus de 0
2 à 85° 170° au dessous de 0

la différence est 80° au dessus de 0

répartis sur les 12 kil. du mélange : la température du mélange est donc $\frac{80^\circ}{12^\circ}$ ou $6^\circ \frac{2}{3}$ au dessus de 0.

1125. 20 kil. d'eau à 12° font 240°
2 kil. de vapeur à 100° (considérée comme étant à 650°) font 1300°

en tout 1540°

la température du mélange serait donc

$$\frac{1540^\circ}{20+2} \text{ ou } \frac{1540^\circ}{22} = \frac{770^\circ}{11} = 70^\circ$$

1126.

20 kil. à 0 font		0
3	de vapeur à 550+50 ou 600° font	1800° au dessus de 0
2	de glace à 0 ou plutôt à 75° font	150° au dessous de 0
	la différence est	1650° au dessus de 0

la température du mélange sera donc

$$\frac{1650^\circ}{20+3+2} \text{ ou } \frac{1650^\circ}{25} = 66^\circ$$

1127. 1° La dilatation apparente du mercure est la différence entre sa dilatation réelle et la dilatation du laiton, c'est-à-dire

$$\frac{1}{5550} - \frac{1}{53300} = \frac{53300 - 5550}{29581500} = \frac{1}{6195}$$

2° Appelons x la hauteur cherchée, on aura

$$x + \frac{20\,x}{6195} = 750$$

d'où l'on tire

$$6215\,x = 4646250\,, \quad x = \frac{4646250}{6215} = 747{,}58 \text{ millim.}$$

1128. Les deux hauteurs barométriques réduites à zéro, d'après la méthode indiquée dans le numéro précédent, sont

pour le pied de la montagne 749,1 et pour le haut 584,5.

1° On trouve pour premier résultat

$$\frac{(265 + 10{,}3) \times 749{,}1}{584{,}5} = 352{,}8$$

2° On trouve pour second résultat

$$\frac{(265 + 26{,}5) \times 584{,}5}{749{,}1} = 227{,}4$$

3° On trouve pour troisième résultat

$$26^\circ{,}5 - 10^\circ{,}3 = 16^\circ{,}2$$

4° On trouve pour quatrième résultat

$$352{,}8 + 16{,}2 - 227{,}4 = 141{,}6$$

Ce dernier résultat multiplié par 15 donne pour produit 2124 mètres.

1129. Les pressions réduites sont 758,5 et 550,3.

1° On trouve pour premier résultat

$$\frac{(265 - 4) \times 758{,}5}{550{,}3} = 359{,}7$$

2° On trouve pour second résultat

$$\frac{(265+12)\times 550,3}{758,5} = 187,7$$

3° On trouve pour troisième résultat

$$12 + 4 = 16$$

4° On trouve pour quatrième résultat

$$359,7 + 16 - 187,7 = 188$$

Ce nombre multiplié par 15 donne pour produit 2820 mètres.

QUESTIONS DE CHIMIE.

1130. La densité étant le quotient du poids par le volume, le poids est le produit du volume par la densité : on aura donc

pour le poids d'un litre	d'oxygène	1gr.,30 × 1,1025 ou 1,43
	d'azote	1gr.,30 × 0,9757 ou 1,27
	d'hydrogène	1gr.,30 × 0,0688 ou 0,089
	de chlore	1gr.,30 × 2,4216 ou 3,15

1131. Soient P, P' et P'', les poids respectifs de l'acide carbonique, de l'oxygène et de la vapeur de carbone sous un même volume V, et x la densité cherchée de cette vapeur, on aura

$$\frac{P}{V} = 1{,}5245\,,\quad \frac{P'}{V} = 1{,}1025\,,\quad \frac{P''}{V} = x\,,$$

et de plus $P = P' + P''$ ou $P'' = P - P'$

d'où

$$\frac{P''}{V} = \frac{P}{V} - \frac{P'}{V} \text{ ou } x = 1{,}5245 - 1{,}1025 = 0{,}422$$

1132. Si P et P' désignent le poids respectif de l'hydrogène et du chlore sous un même volume V, on aura

$$\frac{P}{V} = 0{,}0688 \quad \text{et} \quad \frac{P'}{V} = 2{,}4216$$

Le poids d'un volume 2V d'acide hydrochlorique sera $P + P'$: sa densité sera donc

$$\frac{P + P'}{2V} \text{ ou } \frac{0{,}0688 + 2{,}4216}{2}\,, \text{ c'est-à-dire } 1{,}2452.$$

1133. En raisonnant comme dans le numéro précédent, on verra que la densité du deutoxyde d'azote doit être la moyenne entre la densité de l'azote et celle de l'oxygène, c'est-à-dire

$$\frac{0{,}9757 + 1{,}1025}{2} \quad \text{ou} \quad 1{,}0391$$

1134. Soient P, P', le poids respectif de l'azote et de l'oxygène sous un même volume V, on aura

$$\frac{P}{V} = 0{,}9757 \qquad \frac{P'}{V} = 1{,}1025$$

Le poids d'un volume 2V du protoxyde d'azote sera $2P + P'$: sa densité est donc

$$\frac{2P + P'}{2V} \quad \text{ou} \quad \frac{\frac{2P}{V} + \frac{P'}{V}}{2}$$

c'est-à-dire $\dfrac{2 \times 0{,}9757 + 1{,}1025}{2} = 1{,}527$

1135. En raisonnant comme dans le numéro précédent, on verra que la densité de la vapeur d'eau est

$$\frac{2 \times 0{,}0688 + 1{,}1025}{2} \quad \text{ou} \quad 0{,}62$$

1136. Soient P et P' le poids de l'hydrogène et de l'azote sous un même volume V, on aura

$$\frac{P}{V} = 0{,}0688 \quad \text{et} \quad \frac{P'}{V} = 0{,}9757$$

Le poids d'un volume 2V du gaz ammoniac sera $3P + P'$: sa densité est donc

$$\frac{3P + P'}{2V} \quad \text{ou} \quad \frac{\frac{3P}{V} + \frac{P'}{V}}{2}$$

c'est-à-dire $\dfrac{0{,}0688 \times 3 + 0{,}9757}{2}$ ou $0{,}5910$

1137. Soient P et P' le poids respectif de l'hydrogène et de la vapeur de carbone sous un même volume V, le poids d'un volume V de gaz hydrogène bicarboné sera 2P + 2P' : sa densité sera donc

$$\frac{2P + 2P'}{V} \text{ ou } \frac{2P}{V} + \frac{2P'}{V}$$

c'est-à-dire la somme des deux densités doublées,

ou $0{,}0688 \times 2 + 0{,}422 \times 2$ ou $0{,}9816$

1138. Cette formule sera

$$HO = 1 + 8 = 9$$

1139. Puisque dans la composition de l'eau l'hydrogène entre pour 1 neuvième et l'oxygène pour 8 neuvièmes, on aura le poids de l'hydrogène contenu dans 100 kil. d'eau en prenant le 9e de 100 kil., c'est-à-dire 11k.,1 ou 11 kil.; le surplus 88kil.,9 ou 89 kil. sera le poids de l'oxygène.

1140. 1° La formule de l'oxyde de carbone sera

$$CO = 6 + 8 = 14$$

2° La formule de l'acide carbonique sera

$$CO^2 = 6 + 8 \times 2 = 22$$

(en mettant en exposant le nombre d'atomes d'oxygène).

3° La formule de l'hydrogène bicarboné sera

$$CH = 6 + 1 = 7$$

1141. Ces 5 formules seront,

pour le protoxyde d'azote, $AO = 14 + 8 = 22$
pour le deutoxyde d'azote, $AO^2 = 14 + 8 \times 2 = 30$
pour l'acide hypo-nitreux, $AO^3 = 14 + 8 \times 3 = 38$

pour l'acide nitreux, $AO^4 = 14 + 8 \times 4 = 46$
pour l'acide nitrique, $AO^5 = 14 + 8 \times 5 = 54$

1142. La formule de l'acide nitrique étant

$$AO^5 = 54$$

et celle de l'eau $HO = 9$

la formule de l'acide nitrique à l'état liquide sera

$$AO^5 + HO = 63$$

On aura donc le poids de l'eau en prenant les $\frac{9}{63}$ du poids total ou $\frac{1}{7}$. Cette fraction, réduite en décimales, donne 0,14 ; le poids de l'acide sera donc exprimé par 0,86.

1143. Cette formule sera

$$HCl = 1 + 35 = 36$$

1144. Ces formules seront,

pour l'acide sulfureux, $SO^2 = 16 + 8 \times 2 = 32$
pour l'acide sulfurique, $SO^3 = 16 + 8 \times 3 = 40$

1145. Cette formule sera

$$SO^3 + HO = 40 + 9 = 49$$

L'eau entre donc pour $\frac{9}{49}$, c'est-à-dire à peu près $\frac{1}{5}$ ou 20 centièmes ; l'acide entre pour 80 centièmes.

1146. Cette formule est donc

$$PhO^5 = 32 + 8 \times 5 = 72$$

1147. Ces formules sont,

pour la potasse,	PO	$= 39 + 8 = 47$
pour la soude,	SdO	$= 23 + 8 = 31$
pour la baryte,	BO	$= 68 + 8 = 76$
pour la chaux,	CaO	$= 20 + 8 = 28$
pour la magnésie,	MaO	$= 13 + 8 = 21$
pour l'alumine,	AlO	$= 9 + 8 = 17$
pour la silice,	SiO	$= 7 + 8 = 15$

1148. Ces formules sont,

pour l'étain,	EO	$= 59 + 8 = 67$
pour le cuivre,	CuO	$= 63 + 8 = 71$
pour le plomb,	PbO	$= 104 + 8 = 112$
pour le mercure,	MeO	$= 203 + 8 = 211$
pour le zinc,	ZO	$= 32 + 8 = 40$
pour le fer,	FO	$= 27 + 8 = 35$
pour l'argent,	ArO	$= 108 + 8 = 116$
pour l'or,	OrO	$= 199 + 8 = 207$
pour le platine,	PlO	$= 97 + 8 = 105$

1149. La formule du carbonate de chaux est

$$CaO + CO^2 = 28 + 22 = 50$$

l'acide y entre pour 22 cinquantièmes ou 44 centièmes, et la base pour 56 centièmes.

La formule du sulfate de baryte est

$$BO + SO^3 = 76 + 40 = 116$$

l'acide y entre pour $\frac{40}{116}$ ou 0,34, et par conséquent la base pour 0,66.

La formule du nitrate de potasse est

$$PO + AO^5 = 47 + 54 = 101$$

l'acide y entre pour $\frac{54}{101}$ ou 0,53, et par conséquent la base pour 0,47.

1150. La formule du sel marin est donc

$$SdCl = 23 + 35 = 58$$

le chlore y entre pour $\frac{35}{58}$ ou 0,60, et par conséquent le sodium pour 0,40.

1151. Cette formule est

$$COH = 6 + 9 = 15$$

l'eau y entre pour $\frac{9}{15}$ ou 0,60, et par conséquent le carbone pour 0,40;

l'hydrogène y entre pour $\frac{1}{15}$ ou 0,07

et l'oxygène pour $\frac{8}{15}$ ou 0,53.

1152. La formule de l'alcool est

$$C^2\,O\,H^3 = 12 + 8 + 3 = 23$$

l'hydrogène y entre pour $\frac{3}{23}$ ou 0,13

l'oxygène pour $\frac{8}{23}$ ou 0,35

et le carbone pour $\frac{12}{23}$ ou 0,52

La formule de l'acide acétique est

$$C^4 O^3 H^3 = 24 + 24 + 3 = 51$$

le carbone y entre pour $\frac{24}{51}$ ou 0,47

l'oxygène pour 0,47

l'hydrogène pour $\frac{3}{51}$ ou 0,06

La formule de l'acide oxalique est

$$C^2 O^6 H^3 = 12 + 48 + 3 = 63$$

le carbone y entre pour $\frac{12}{63}$ ou 0,19

l'oxygène pour $\frac{48}{63}$ ou 0,77

l'hydrogène pour $\frac{3}{63}$ ou 0,04

La formule de l'acide tartrique est

$$C^4 O^6 H^3 = 24 + 48 + 3 = 75$$

le carbone y entre pour $\frac{24}{75}$ ou 0,32

l'oxygène pour $\frac{48}{75}$ ou 0,64

l'hydrogène pour $\frac{3}{75}$ ou 0,04

1153. Le nombre d'atomes de chaque substance qui composent un atome d'huile est proportionnel au quotient du poids de chaque substance par le poids de l'atome de cette substance. Si donc on appelle n, n', n'', le nombre d'atomes de carbone, d'oxygène, d'hydrogène, qui entrent dans la composition d'un atome d'huile, on aura les proportions

$$n : n' :: \frac{76}{6} : \frac{10}{8} \quad \text{et} \quad n' : n'' :: \frac{10}{8} : 14$$

ou à peu près

$$n : n' :: 10 : 1 \quad \text{et} \quad n' : n'' :: 1 : 11$$

Ces conditions seront remplies par la formule

$$C^{10}\ O\ H^{11} = 60 + 8 + 11 = 79$$

1154. La somme de ces divers poids étant 2,58, le poids de la silice est une fraction du poids total représentée par $\frac{1,15}{2,58}$ ou $\frac{115}{258}$ ou 0,45.

Le poids de l'alumine sera représenté par la fraction $\frac{86}{258}$ ou 0,33, le poids de la chaux par $\frac{50}{258}$ ou 0,19, le poids de l'oxyde de fer par $\frac{7}{258}$ ou 0,03.

1155. La somme de ces poids étant 112,5, les poids respectifs de l'oxygène, de l'hydrogène et du carbone, seront des fractions du poids total représentées par

$$\frac{60}{112,5}, \frac{7,5}{112,5} \text{ et } \frac{45}{112,5}$$

Le nombre d'atomes de chaque substance qui compose un atome de la pierre est proportionnel aux quotients de ces poids par le poids de l'atome correspondant, c'est-à-dire à

$$\frac{60}{112,5 \times 8} \qquad \frac{7,5}{112,5 \times 1} \qquad \frac{45}{112,5 \times 6}$$

expressions qui, réduites en décimales, donnent toutes les trois 0,0666....

Un atome de cette substance organique est donc composé d'un atome d'oxigène, d'un atome d'hydrogène et d'un atome de carbone.

PROBLÈMES SUR LA MÉTROLOGIE ANCIENNE.

1156. En prenant la 28e partie de 525 millimètres, on trouve pour la longueur du doigt 18,75 millim. : la valeur d'un palme était donc 4 fois 18,75 millim. ou 75 millim., et la coudée naturelle 24 fois 18,75 ou 450 millim.

L'empan de la coudée sacrée était $\frac{525}{2}$ millim. ou 262,5 millim., et l'empan de la coudée naturelle $\frac{450}{2}$ millim. ou 225 millim.

1157. En prenant 3 pour le rapport approché du diamètre à la circonférence, le volume d'une sphère qui a 5 coudées de rayon serait $\frac{4}{3} \times 3 \times 5 \times 5 \times 5$ ou 500 coudées cubes : le volume de la demi-sphère est donc 250 coudées cubes. Une coudée cube valant

8 bath, le volume de cette demi-sphère était de 250 fois 8 bath ou 2000 bath.

1158. Le cube de 262,5 millim. est 18,088 décim. cubes : la capacité du bath était donc de 18,088 litres

En prenant la 6e partie de ce nombre, on trouve pour la capacité du hin 3,014

En prenant la 12e partie de celui-ci, on trouve pour la capacité du log 0,250

En multipliant par 10 la valeur du bath, on trouve pour la capacité d'un cor 180,88

1159. Si l'on divise 18,088 litres successivement par 3, ou par 10, ou par 18, ou par 72, on trouvera

pour la capacité d'un sat	6,029 litres
pour celle d'un gomor	1,809
pour celle d'un cab	1,005
pour celle d'un log	0,250

La valeur de l'épha, multipliée par 5, donne pour la capacité du léthech 5 fois 18 l.,088 ou 90 l.,44

La capacité d'un cor était 180 l.,88

1160. 4 fois 450 millim. font 18 mètres, dont le carré (324 mètres carrés) équivaut à 3 ares et 24 centiares : le bethséa valait donc 3,24 ares.

3 sat valant 72 log, un log vaut la 24e partie d'un sat : le bethroba valait donc la 24e partie d'un bethséa, c'est-à-dire $\frac{3,24}{24}$ ares ou 0,135 ares.

3 sat valant 18 cab, un cab vaut la 6e partie d'un

sat : le bethcabum valait donc la 6e partie d'un bethséa, c'est-à-dire $\frac{3,24}{6}$ ares ou 0,54 are.

Un lèthech valait 5 épha et par conséquent 15 sat : un bethlétech valait donc 15 bethséa, c'est-à-dire 15 fois 3,24 ares ou 48,6 ares.

Un cor valait 2 léthech : un bethcoron valait donc 2 bethlétech, c'est-à-dire 2 fois 48,6 ares ou 97,2 ares.

1161. Le bath valant 18,088 litres, le poids de l'eau contenue est 18,088 kil.

Le kiccar valait donc 18,088 kil.; le sicle en était la 3000[e] partie ou 6 gr., et l'obole la 20e partie de 6 gr. ou 0,3 gr.

1162. Si le kilogramme d'argent pur vaut 218 f. 89 c., le kilogramme d'argent contenant $\frac{1}{24}$ d'alliage ne vaudra que les $\frac{23}{24}$ de cette somme ou 209 f. 77 c.

Si l'on multiplie ce nombre par 18,088 kil., on trouve pour la valeur du talent 3794 f. 32 c.

Si on multiplie 209 f. 77 c. par 6 grammes, ou 0,006 kil., on trouve pour la valeur du sicle 1 f. 26 c. Enfin l'obole pesant la 20e partie d'un sicle, sa valeur en argent était la 20e partie de 1 f. 26 c., c'est-à-dire 0f.,063 ou 6 centimes environ.

1163. Un talent d'or valait 12 fois 3794 fr. ou 45528 f.; le sicle d'or valait la 3000[e] partie du talent d'or, ou 15 f. 17 c.

1164. Le pied valait donc les $\frac{2}{3}$ de 450 millim.

		ou	0,3 mèt.
le double pas	5 fois 0,3 mèt.	ou	1,5 mèt.
l'acène	10 fois 0,3	ou	3
le plèthre	100 fois 0,3	ou	30
l'orgyie	6 fois 0,3	ou	1,8
l'amma	60 fois 0,3	ou	18
le stade	600 fois 0,3	ou	180

1165. La valeur du doigt étant 18,75 millimètres,

le condyle valait	2 fois 18,75 mill.	ou	37,5	mill.
le dichas	8 fois 18,75	ou	0,15	mèt.
le lichas	10 fois 18,75	ou	0,1875	
l'orthodoron	11 fois 18,75	ou	0,20625	
la spithame	12 fois 18,75	ou	0,225	
la pygme	18 fois 18,75	ou	0,3375	
le pygon	20 fois 18,75	ou	0,375	
le xylon	3 fois 450	ou	1,35	
le diaule	2 fois 180 mèt.	ou	360	
l'hippicon	4 fois 180	ou	720	
le dolichos	12 fois 180	ou	2160	

1166. Le plèthre valant 30 mètres, son carré est de 900 mètres ou 9 ares.

1167. Le pied valant 3 décimètres, le métrétès

valait 27 décimètres cubes	ou	27	lit.
la cotyle en était la 100e partie	ou	0,27	
l'amphore valait 72 fois 0,27 lit.	ou	19,44	
la 6e partie de l'amphore était le conge,	ou	3,24	
et le 6e du conge était le setier	ou	0,54	

1168.

Une chénice valait	4 fois	0,27 lit.	ou	1,08 lit.
Un hecte	8 fois	1,08	ou	8,64
Un médimne	6 fois	8,64	ou	51,84

1169. En divisant 0,27 lit. par les nombres 4, 6, 12, 15, 20, 30 et 60, on obtient les valeurs suivantes :

oxybaphe	0,0675 lit.
cyathe	0,045
conque	0,0225
grande chême	0,018
mystre	0,0135
petite chême	0,009
cuillerée	0,0045

1170. L'amphore valant 19,44 lit., le talent pesait 19,44 kil.

la mine en était la 60ᵉ partie		ou	324 gr.
la drachme était la 100ᵉ partie de	324 gr.	ou	3,24
l'obole la 6ᵉ partie de	3,24	ou	0,54
le chalque la 6ᵉ partie de	0,54	ou	0,09

1171.

le karat	valait le tiers de	0,54 gr.	ou	0,18 gr.
le therme	2 fois	0,18	ou	0,36
la sitaire	le 12ᵉ de	0,54	ou	0,045

1172. Le kilogramme d'argent pur monnayé valant 222 f. 22 c., le kilogramme d'argent monnayé à $\frac{1}{24}$ d'alliage vaudra les $\frac{23}{24}$ ou 212 f. 96 c.

En multipliant ce nombre par 19,44 kil., on trouve pour la valeur du talent 4139 f. 94 c. ou 4140 f. » c.
Une mine en était la 60ᵉ partie, et

valait par conséquent					69	»
la drachme valait donc						
	69 f.	» c. :	100	ou	0	69
l'obole valait	0	69 :	6	ou	0	12
le chalque	0	12 :	6	ou	0	02
ou 2 centimes.						

1173. Puisque le pied était les deux tiers de la coudée, la coudée valait une fois et demie 308 mill., c'est-à-dire 0,462 m.

le plèthre valait	100 fois 0,308 m.	ou	30,8
le stade	600 fois 0,308	ou	184,8

1174.

Le grand talent attique pesait donc			27	kil.
le petit talent en pesait les	$\frac{3}{4}$	ou	20,25	
la grande mine pesait	$\frac{27 \text{ kil.}}{60}$	ou	0,45	
la petite	$\frac{20,25 \text{ kil.}}{60}$	ou	337,5	gr.
la grande drachme pesait	$\frac{0,45 \text{ kil.}}{100}$	ou	4,5	
la petite	$\frac{337,5 \text{ gr.}}{100}$	ou	3,375	

1175. Si l'on admet que le kilogramme d'argent

monnayé à $\frac{1}{24}$ d'alliage ait une valeur de 212 f. 96 c. en multipliant cette somme par le poids du grand talent ou 27 kil., on aura pour la valeur de ce talent 5749 f. 92 c. ou 5750 f.

Si l'on multiplie 212 f. 96 c. par 20,25 kil., on trouvera pour la valeur du petit talent 4312 f. 44 c.

la grande mine valait donc $\frac{5749 \text{ f. } 92 \text{ c.}}{60}$ ou 95 83

la petite $\frac{4312 \text{ f. } 44 \text{ c.}}{60}$ ou 71 87

la grande drachme valait 0 96
la petite 0 72

1176. Le talent égyptien pesant 18,088 kil.
la mine, qui en était la 50e partie, pesait 362 gr.
la drachme pesait donc 3,62

En multipliant le poids de la mine par le prix 212 f. 96 c. du kilogramme d'argent monnayé à $\frac{1}{24}$ d'alliage, on trouve pour la valeur de la mine 77 f. La drachme, qui en était la 100e partie, valait donc 77 c.

1177. La mine euboïque pesait donc $\frac{18{,}088 \text{ kil.}}{60}$ ou 0,3015 kil., et valait 212 f. 96 c. $\times$ 0,3015 kil. ou 64 f. 20 c.; la drachme euboïque pesait la 100e partie de 0,3015 kil. ou 3,015 gr., et valait la 100e partie de 64 f. 20 c., c'est-à-dire 64 c.

1178. Le pied grec étant de 0,3 mètre,

le pied philétérien en était les $\frac{5}{6}$	ou	0,36 m.
la palme en était le 6e	ou	0,06
le doigt était le quart de la palme	ou	0,015
la coudée valait 0,36 m. $\times \frac{3}{2}$	ou	0,54
la grande coudée valait 2 fois 0,36 m.	ou	0,72
l'orgyie valait 6 fois 0,36 m.	ou	2,16
l'amma 10 fois l'orgyie	ou	21,6
le stade 100 fois l'orgyie	ou	216
le pas 5 fois 0,36 m.	ou	1,8
la perche 2 fois le pas	ou	3,6
le plèthre 100 fois 0,36 m.	ou	36

1179. Le cube de 0,36 m. est 0,046656 m. ou 46 décimètres cubes et 656 centimètres cubes : la capacité du grand artaba était donc 46,656 litres ; le petit artaba, qui en était les $\frac{3}{4}$, valait donc 34,99 litres ou 35 litres ;

le sat, qui en était le tiers, valait	11,67 lit.
1 vœba valait la moitié d'un sat ou	5,83
1 cadaa valait le 16e d'un vœba ou	0,364

1180.

Le poids du grand talent était donc	46,656 kil.
et celui du petit talent	35

c'est-à-dire 46656 gr. et 35000 gr.

1181.

La mine d'Alexandrie pesait $\frac{35000}{60}$ gr. ou 583 gr. $\frac{1}{3}$

le sicle valait $\frac{35000 \text{ gr.}}{3000}$ ou 11,667

la drachme $\frac{1}{2}$ sicle ou 5,833

l'once $\frac{583 \text{ gr.} \frac{1}{3}}{20}$ ou 29,167

1182.

La mine ptolémaïque valait $\frac{46{,}656 \text{ kil.}}{100}$ ou 466,56 gr.

et la drachme $\frac{466{,}56 \text{ gr.}}{100}$ ou 4,67

Le petit artaba étant les $\frac{3}{4}$ du grand artaba, le petit talent était les $\frac{3}{4}$ du grand talent ; et, puisque le premier renfermait 60 fois 20 onces ou 1200 onces, le grand talent en renfermait les $\frac{4}{3}$ ou 1600 onces : la mine ptolémaïque, qui en était la 100e partie, renfermait donc 16 onces.

1183. Le talent pesant 46656 gr., chacune des

50 mines pesait $\frac{46656 \text{ gr.}}{50}$	ou	933,12 gr.
la livre pesait $\frac{46656 \text{ gr.}}{125}$	ou	373,2
l'once pesait $\frac{373,2 \text{ gr.}}{12}$	ou	31,1
le sicle $\frac{373,2 \text{ gr.}}{24}$	ou	15,55
la drachme le quart du sicle	ou	3,887
l'obole le 5e de la drachme	ou	0,777

1184.

Le poids de l'assarion était $\frac{31,1 \text{ gr.}}{4}$	ou	7,8 gr.
le tétrassarion pesait une once	ou	31,1
le lepton pesait la moitié de l'assarion	ou	3,9

1185. Le kilogramme d'argent pur monnayé valant 222 f. 22 c., le kilogramme d'argent monnayé à $\frac{1}{24}$ d'alliage vaut 212 f. 96 c. (n. 1172). Si l'on multiplie cette somme par les poids des deux numéros précédents exprimés en kilogrammes, on aura

	f.	c.
pour la valeur du talent	9935	86
pour celle de la mine	198	70
pour celle de la livre	79	48
pour celle de l'once	6	62
pour celle du sicle	3	31
pour celle de la drachme	0	83

pour celle de l'obole (5ᵉ de la drachme)	0 f.	17 c.
pour celle du tétrassarion (tiers de l'obole)	0	5,6
pour celle de l'assarion (12ᵉ de l'obole)	0	1,4
pour celle du lepton (moitié de l'assarion)	0	0,7

1186. 1 once valait 40 oboles, et l'obole 3 tétrassarions : l'once valait donc 40 fois 3 ou 120 tétrassarions de même poids qu'elle ; l'argent valait donc 120 fois plus que le cuivre.

1187. La mine d'argent valait 2 livres et demie, et par conséquent 60 sicles d'argent (n. 1183). Puisqu'une mine valait 5 sicles d'or, il s'ensuit que 5 sicles d'or valaient 60 sicles d'argent, ou qu'un sicle d'or valait $\frac{60}{5}$ ou 12 sicles d'argent ; la valeur de l'or était donc 12 fois plus grande que celle de l'argent.

1188. Le sicle valant 3 f. 31 c., 30 sicles valaient 30 fois 3 f. 31 c. ou 99 f. 30 c.

1189. 1 kodrantès ou assarion valait 1,4 c. (n. 1185).

1190. Chaque passereau coûtait 1 lepton ou 7 dixièmes de centime.

1191.

Le pouce valait $\frac{294,5 \text{ millim.}}{12}$ ou 24,5 millim.

le pas valait 5 fois 294,5 millim.	ou	1,4725	mèt.
la perche valait le double du pas	ou	2,945	
la chaîne valait 120 fois 294,5 millim.	ou	35,34	
le mille valait 1000 pas	ou	1472,5	

1192. Le carré de 35,34 m. est 1248,9150 m. c. ou 12,5 ares environ :

la perche carrée valait donc $\frac{12,48 \text{ ares}}{144}$ ou 0,087 are

le jugère	valait	2 fois 12,5 ares	ou	25 ares
l'hérédie		2 fois 25	ou	50
la centurie		100 fois 50	ou	5000
le saltus		4 centuries	ou	20000

1193. Le pied romain valait dans l'origine 295,94 millim., dont le cube est 25,92 déc. C.

l'amphore valait donc			25,92 lit.
l'urne	valait $\frac{25,92 \text{ lit.}}{2}$	ou	12,96
le conge	$\frac{12,96 \text{ lit.}}{4}$	ou	3,24
le setier	$\frac{3,24 \text{ lit.}}{6}$	ou	0,54
l'hémine	$\frac{0,54 \text{ lit.}}{2}$	ou	0,27

le quartarius valait $\frac{0,54 \text{ lit.}}{4}$ ou 0,135 lit.

l'acétabule $\frac{0,135 \text{ lit.}}{2}$ ou 0,068

la cyathe $\frac{0,135 \text{ lit.}}{3}$ ou 0,045

la cuillerée $\frac{0,045 \text{ lit.}}{4}$ ou 0,011

Le muids valait 32 fois 0,27 lit. ou 8l.,64 : le semodius valait par conséquent environ 4l.,32

1194. La livre romaine pesait donc 324 grammes.

l'once valait $\frac{324 \text{ gr.}}{12}$ ou 27 gr.

le scrupule $\frac{27 \text{ gr.}}{24}$ ou 1,125

la sextula	4 fois 1,125 gr.	ou 4,5
le sicilicus	6 fois 1,125	ou 6,75
la duella	8 fois 1,125	ou 9
la semuncia	12 fois 1,125	ou 13,5
le sextans	2 fois 27	ou 54
le quadrans	3 fois 27	ou 81
le triens	4 fois 27	ou 108
le quincunx	5 fois 27	ou 135
le semis	6 fois 27	ou 162
le septunx	7 fois 27	ou 189
le bes	8 fois 27	ou 216
le dodrans	9 fois 27	ou 243
le dextrans	10 fois 27	ou 270
le deunx	11 fois 27	ou 297

1195. Ce denier pesait $\frac{324 \text{ gr.}}{84}$ ou 3,857 gr.

En multipliant ce poids par $\frac{212 \text{ f. } 96 \text{ c.}}{1000}$, valeur du gramme d'argent, on trouve, pour la valeur du denier, 0 f. 82 c.
le quinaire, qui en était la moitié, valait 0 41
et le sesterce, qui en était le quart, 0 20

1196. Avant cette époque l'as valait donc la 10ᵉ partie d'un denier ou 0f.08c.,2, c'est-à-dire 8c.,2
la sembella la moitié de l'as ou 4c.,1
le teruncius le quart ou 2c.,05

Après cette époque l'as valut la 16ᵉ partie d'un denier, c'est-à-dire $\frac{82 \text{ c.}}{16}$ ou 5c.
la sembella 2c.,5
le teruncius 1c.,25

1197. Avant César l'aureus pesait donc $\frac{324 \text{ gr.}}{88}$ ou 1,125 gr., et valait 4 fois 0f.,82c. ou 3 f. 28 c.
Puisque 3,857 gr. d'argent valaient 0 82
1 gramme d'argent valait $\frac{0 \text{ f. } 82 \text{ c.}}{3{,}857 \text{ gr.}}$ ou 0 21
Puisque 1,125 gr. d'or valaient 3 f. 28 c., 1 gr. d'or valait $\frac{3 \text{ f. } 28 \text{ c.}}{1{,}125 \text{ gr.}}$ ou 2 91

La valeur du gramme d'argent était donc à celle du gramme d'or à peu près comme 7 : 97.

Après César l'aureus pesait $\frac{324 \text{ gr.}}{40}$ ou 8,1 gr., et valait 25 fois 0 f. 82 c. ou 20 f. 50 c. : le gramme d'or valait donc alors $\frac{20 \text{ f. } 50 \text{ c.}}{8,1}$ ou 2 f. 53 c., et le gramme d'argent fut au gramme d'or à peu près comme 7 : 84 ou comme 1 : 12.

1198. Le poids du denier étant réduit à 3,62 gr. et la livre romaine pesant 324 gr., on aura le nombre de deniers contenus dans la livre en divisant 324 gr. par 3,62 gr. On trouve pour quotient 89,5 : il y en avait donc de 89 à 90.

1199. Le poids du denier étant réduit à 3,375 gr., il y en avait dans la livre un nombre marqué par $\frac{324 \text{ gr.}}{3,375 \text{ gr.}}$, c'est-à-dire 96.

1200. Le solidus pesait $\frac{324 \text{ gr.}}{72}$ ou 4,5 gr.

le miliarésion $\frac{324 \text{ gr.}}{60}$ ou 5,4

l'assarion $\frac{324 \text{ gr.}}{48}$ ou 6,75

Si l'on multiplie le poids du miliarésion par la valeur du gramme d'argent en franc, qui est le millième de celle du kilogramme, c'est-à-dire $\frac{212 \text{ f. } 96 \text{ c.}}{1000}$

on trouvera pour la valeur du miliarésion 1 f. 15 c.
le sou d'or valait 12 fois 1 f. 15 c. ou 13 80

l'assarion $\frac{1 \text{ f. } 15 \text{ c.}}{96}$ ou 0 012

Puisqu'une livre d'or valait 72 fois 12 miliarésions ou 864 miliarésions, tandis que la livre d'argent n'en valait que 60, la valeur de l'or était donc à celle de l'argent comme 864 : 60 ou comme 14,4 : 1.

Puisqu'une livre d'argent valait 60 fois 96 assarions ou 5760 assarions, tandis que la livre de cuivre n'en valait que 48, la valeur de l'argent était donc à celle du cuivre comme 5760 : 48, ou comme 120 : 1.

1201.

Les 4 coudées font 4 fois 525 millim. ou 2100 millim.
3 palmes font 3 fois 75 ou 225
2 doigts font 2 fois 18,75 ou 37,5

la taille de Sésostris était donc de 2362,5 millim.
ou 2,3625 mètres.

Si l'on multiplie ce nombre par la valeur du mètre en lignes, c'est-à-dire par 443,296 l., on aura pour produit environ 1047 l., qui équivalent à 7 P. 3 p. 3 l.

1202.

8 pieds rom. font 8 fois 294,5 millim. ou 2356 millim.
4 pouces font 4 fois 24,5 ou 98

Total 2454 millim.
ou 2,454 mètres.

En opérant comme dans le numéro précédent, on

verra que cette taille équivaut à 1087,8 l. ou à 7 P. 6 p. 7,8 l. ou 8 l.

Il buvait 25,67 l. ou 27 pintes et demie environ ; il mangeait de 30 à 40 fois 324 grammes de viande, c'est-à-dire de 10 à 14 kilogrammes, ou à peu près de 20 à 30 livres de France.

1203. Il avait donc 4 coudées royales et 24 doigts :

4 coudées font	4 fois 525 millim.	ou	2100 millim.
24 doigts	24 fois 18,75	ou	450
	Total		2550 millim.

ou 2,55 mètres ou 7 P. 10 p. 2 l. $\frac{3}{5}$.

1204.

Il avait donc 9 fois 294,5 millim.	ou	2650,5 millim.
plus 9 fois 24,5	ou	220,5
Total		2871 millim.

ou 2,871 mètres ou 8 P. 10 p. 2 l.

1205. Il avait 6 fois 450 millim.	ou	2700 millim.
plus		225
Total		2925 millim.

ou 2,925 mètres ou 9 P.

Sa cuirasse pesait 2 kiccars ou 2 fois 18088 gr., c'est-à-dire 36,176 kil. ou environ 74 liv.

Le fer de sa lance avait la 10e partie de ce poids, c'est-à-dire 3,6 kil. ou environ 7 liv. et demie.

1206.

Ils avaient 10 fois 294,5 millim.	ou	2945	millim.
plus 3 fois 24,5	ou	73,5	
	Total	3018,5 millim.	

ou 3,018 mètres ou 9 P. 3 p. 5 l. $\frac{4}{5}$

1207. Il avait donc 7 fois 1 pied $\frac{1}{2}$ ou $\frac{21}{2}$ pieds romains, ou la moitié de 21 fois 294,5 millim. ou 3092,2 millim., c'est-à-dire 3,092 mèt. ou 9 P. 6 p. 2 l. $\frac{7}{10}$

PROBLÈMES SUR LA MÉTROLOGIE MODERNE.

—

1208. Le palme étant de 219 millim.

le covado vaut	3 fois 219 millim.	ou	657
la vare	5 fois 219	ou	1,095 mèt.
la brasse	10 fois 219	ou	2,19
le pas	5 fois 1 $\frac{1}{2}$ palme,		

c'est-à-dire $\frac{15}{2}$ palmes, ou la moitié

de 15 fois 219 millim.	ou	1,6425 mèt.
le pied vaut $\frac{1,6425 \text{ mèt.}}{5}$	ou	328,5 millim.
le pouce $\frac{328,5 \text{ millim.}}{12}$	ou	27,37
le doigt $\frac{219 \text{ millim.}}{18}$	ou	12,16
la ligne $\frac{27,37 \text{ millim.}}{12}$	ou	2,28

1209. Un degré vaut		111111,11 mèt.
la lieue vaut donc $\frac{111111,11 \text{ m.}}{18}$	ou	6172,83
le mille $\frac{6172,83 \text{ m.}}{3}$	ou	2057,61
le stade $\frac{2057,61 \text{ m.}}{8}$	ou	257,2

1210. La vare carrée vaut le carré de 1,095 m., c'est-à-dire 1,199025 m. c. : le geira vaut donc 4840 fois ce nombre, ou 5803,281 m. ou 58 ares 3 centiares environ.

1211. L'almude valant 16,54 lit.

1 cantare	vaut $\frac{16{,}54 \text{ lit.}}{2}$	ou	8,27
1 cavada	vaut $\frac{16{,}54 \text{ lit.}}{12}$	ou	1,38
le baril	18 fois 16,54 lit.	ou	297,72
la pipe	26 fois 16,54	ou	430
le tonneau	2 pipes	ou	860

1212. L'alquière valant 13 lit. $\frac{2}{3}$ ou 13,67 lit.

le fanego	vaut 4 fois 13,67 lit.	ou	54,68
le moïo	60 fois 13,67	ou	820

1213. La livre étant de 458,9 gr.

le marc	pèse $\frac{458{,}9 \text{ gr.}}{2}$	ou	229,45
l'once	$\frac{458{,}9 \text{ gr.}}{16}$	ou	28,68
la drachme	vaut $\frac{28{,}16 \text{ gr.}}{8}$	ou	3,58
le grain	$\frac{3{,}58 \text{ gr.}}{72}$	ou environ	0,05
l'arroba	32 fois 458,9 gr.	ou	14,68 kil.
le quintal	4 fois 14,68 kil.	ou	58,72
le tonneau	54 fois 14,68	ou	792,72

1214. Le pied valant 282,6 millim.

le pouce	vaut $\frac{282{,}6 \text{ millim.}}{12}$	ou 23,5
la ligne	$\frac{23{,}5 \text{ millim.}}{12}$	ou 1,96
le doigt	$\frac{282{,}6 \text{ millim.}}{16}$	ou 17,66
le petit palme	le quart de 282,6 millim.	ou 70,6
le grand palme	3 fois 70,6 millim.	ou 211,9
la coudée	$\frac{3}{2}$ fois 282,6 millim.	ou 423,9
la vare	3 fois 282,6	ou 847,8
le pas	5 fois 282,6	ou 1,413 mèt.
la brasse	6 fois 282,6	ou 1,696
l'estadal	11 fois 282,6	ou 3,109
la corde	$\frac{99}{4}$ de 282,6	ou 6,994

1215.

Le stade vaut	125 fois 1,413 mèt.	ou 177 mèt.
le mille	1000 fois 1,413	ou 1413
la lieue	3 fois 1413	ou 4239

Le pas valant 5 pieds, le nombre de pieds contenus dans la lieue est $3 \times 8 \times 125 \times 5$ ou 15000 pieds; la vare valant 3 pieds, en divisant 15000 pieds par 3 pieds on aura le nombre de vares contenues dans la la lieue légale, c'est-à-dire 5000 vares.

On peut avoir la valeur de la lieue de 8000 vares par cette proportion

$$5 : 8 :: 4239 \text{ m.} : x, \quad \text{d'où} \quad x = 6782 \text{ m.}$$

1216. L'estadal valant 3,109 m., 20 estadals font 62,18 m., dont le carré est 38 ares 65 centiares; la brasse valant 1,696, 40 brasses font 67,8 m., dont le carré est 45 ares 96 centiares ou 46 ares.

1217. La livre valant 460 gr.

le marc vaut		230
l'once $\frac{230}{8}$	ou	28,75
l'ochavo $\frac{28,75 \text{ gr.}}{8}$	ou	3,59
l'adarme la moitié de l'ochavo,	ou	1,79
le grain $\frac{1,79 \text{ gr.}}{36}$,	ou environ	0,05
le quintal de 100 livres vaut		46 kil.
l'arrobe le quart du quintal,	ou	11,5

1218. Le cantare valant 16 lit.

l'acumbre vaut		2
et le muids 16 fois 16 lit.	ou	256

L'arrobe doit peser 25 liv. de 460 gr., c'est-à-dire 11,5 kil.; la densité de l'huile étant 0,915, et celle de l'eau 1, puisque 1 lit. d'eau pèse 1 kil., 1 lit. d'huile pèse 0,915 kil. : on aura donc le nombre de litres contenus dans l'arrobe en divisant 11,5 kil. par 0,915 kil. On trouve pour quotient 12,6 lit.

1219. La fanega valant 56,3 lit.

le cahiz	vaut	12 fois 56,3 lit.	ou 675,6
1 celemine		$\frac{56,3 \text{ lit.}}{12}$	ou 4,7

1220. Si l'on divise 1 mètre par 39,37079 pouces,

on aura pour la valeur du pouce	25,4	millim.
le pied vaut donc 12 fois 25,4 mil.	ou 0,3048	mèt.
le yard vaut 3 fois 0,3048 mèt.	ou 0,9144	
le fathom vaut 2 yards	ou 1,8288	

1221. Le mille vaut 5280 fois 0,3048 m., c'est-à-dire 1609,344 mèt.

le furlong vaut	$\frac{1609 \text{ m.}}{8}$	ou 201,16
la perche	$\frac{201,16 \text{ m.}}{40}$	
	ou 5,029 m.	ou 5,03

1222. Le carré de 5,029 m. est 25,29 m. c. ou 25,29 centiares.

un rood vaut	40 fois 25,29 centiares	ou 10,116 ares
un acre	4 fois 10,116 ares	ou 40,46

1223. Cette livre pesant 373,2 gr.

l'once vaut $\frac{373,2 \text{ gr.}}{12}$ ou 31,1

le penny $\frac{31,1 \text{ gr.}}{20}$ ou 1,55

le grain $\frac{1,55 \text{ gr.}}{24}$ ou 0,0646

1224. La livre troy contenant 5760 grains et pesant 373,2 gr., on peut faire la proportion

$$5760 : 373,2 \text{ gr.} :: 7000 : x,$$

d'où l'on tire pour la valeur de la livre (*avoir du poids*) 453,5 gr.

l'once vaut donc $\frac{453,5 \text{ gr.}}{16}$ ou 28,34

la drachme vaut $\frac{28,34 \text{ gr.}}{16}$ ou 1,77

le quintal 112 fois 453,5 gr. ou 50,792 kil.
le tonneau 20 fois 50,792 kil. ou 1015,84

1225. Le gallon valant 4,543 lit.
le quart vaut 1,135

la pinte $\frac{1}{2}$ quart ou 0,568

un peck 2 fois 4,543 lit. ou 9,086
un bushel 8 fois 4,543 ou 36,344

un sack	vaût 3 fois 36,344	ou 109	lit.
un quarter	8 fois 36,344	ou 291	
un châldron	12 fois 109	ou 1308	

1226. Le pied valant 296,9 millim.

le pouce	vaut	29,69	
la ligne		2,969	
l'ell	2 fois 296,9 millim.	ou 593,8	
la toise	3 ell	ou 1781,4	
		ou 1,781	mèt.
la perche	16 fois 296,9	ou 4,75	

1227. L'aune valant 593,8 millim., l'aune carrée vaut 35,26 décimètres carrés. Ce nombre, multiplié par 14000, donne pour la valeur du tunneland 4936 mètres carrés, ou 49 ares et 36 centiares.

1228. Le pied valant 296,9 millim. ou 2,969 décim., le pied cube vaut 26,17 décim. cubes, et le kanna, qui en est la 10e partie, vaut 2,617 décim. cubes ou 2,617 lit.

1229. La livre valant 425,2 gr.

l'once	vaut $\frac{425,2}{16}$	ou	26,575
le loth	la moitié de l'once	ou	13,287
le quintin	le quart du loth	ou	3,32

le lispund vaut	20 fois 425,2 gr.	ou	8,504 kil.
le quintal	6 lispund	ou	51

1230. L'arschine étant de 718 millim.

le pied est la demi-arschine	ou	359
le verschock est le 8e du pied	ou	44,87
le palez la moitié du verschock	ou	22,43
la sagène vaut 3 arschines	ou	2,154 mèt.
le verst 500 fois 2,154 m.	ou	1077

1231. La sagène valant 2,154 mèt., la sagène carrée vaut 4,639 mèt. carr. Ce nombre, multiplié par 3200, donne pour la valeur de la détésine 14848 mèt. carrés ou 148 ares 48 cent.

1232. Le védro valant 12,29 lit.

la cruche	vaut $\frac{12,29 \text{ lit.}}{8}$	ou	1,536
le charkey			0,1229

1233. La livre valant 409,3 gr.

le loth	vaut $\frac{409,3 \text{ gr.}}{32}$	ou	12,79
la solotnick	$\frac{409,3 \text{ gr.}}{96}$	ou	4,26
le pud	40 fois 409,3 gr.	ou	16,372 kil.
le berkovitz	10 pud	ou	163,72

1234. Le pied valant 313,85 millim;

le pouce vaut $\frac{313,85 \text{ millim.}}{12}$ ou 26,15

la toise 6 fois 313,85 millim. ou 1,883 mèt.

la perche 2 toises ou 3,766

le mille 2000 fois 3,766 mèt. ou 7532

1235. Le carré de la perche est 14,1827 mèt. carrés. Ce nombre, multiplié par 180, donne pour la valeur de l'arpent 2552,88 mèt. carrés, ou 25 ares et 53 cent.

Le huffe vaut 30 fois 25,53 ares ou 766 ares.

1236. Le pied valant 313,85 millim., le pied cube vaut 30,914 décim. cubes : ce nombre, multiplié par 64, donne pour produit 1978,496 décim. cubes, qui, divisés par 9, donnent pour la valeur du tonneau 219,83 ou 220 décim. cubes ou litres.

Un scheffel vaut donc $\frac{220 \text{ lit.}}{4}$ ou 55 lit.

Un metze $\frac{55 \text{ lit.}}{16}$ ou 3,437

Un quart $\frac{3,437 \text{ lit.}}{4}$ ou 0,859

1237. 5 scheffel valent 5 fois 55 lit. ou 275 lit.

un eimer vaut donc	$\frac{275 \text{ lit.}}{4}$	ou	68,75
un anker	$\frac{68{,}75 \text{ lit.}}{2}$	ou	34,37
un maass	$\frac{68{,}75 \text{ lit.}}{60}$	ou	1,145
un ohm	2 fois 68,75 lit.	ou	137,5
un oxhoft	3 fois 68,75	ou	206,25
un tonneau	$\frac{113}{3}$ de 3,437 l.	ou	129,46
et pour la bière	100 fois 1,145 lit.	ou	114,5

1238. La livre pesant 467,66 gr.

un marc pèse	moitié	ou	233,83
un loth	$\frac{467{,}66 \text{ gr.}}{32}$	ou	14,614
un quintin	$\frac{467{,}66 \text{ gr.}}{128}$	ou	3,654
un grain	$\frac{233{,}83 \text{ gr.}}{288}$	ou	0,81
le quintal	100 fois 467,66 gr.	ou	46,766 kil.
le last	40 fois le quintal	ou	1870,64

1239. Le pied valant 316,1 millim.

une toise vaut	6 fois 316,1 millim.	ou	1,8966 mèt.
un mille	4000 fois 1,8966 mèt.	ou	7586

1240. 40 toises valent 75,86 mèt., dont le carré est 5755 mèt. carrés : le joch vaut donc 57 ares et 55 cent.

1241. L'eimer valant			56,6 lit.
un viertel vaut	$\frac{56,6 \text{ lit.}}{4}$	ou	14,15
un maass	le 10e d'un viertel	ou	1,415
un seitel	le quart d'un maass	ou	0,354

1242. Le metze valant			61,5 lit.
un muthmassel vaut	$\frac{61,5 \text{ lit.}}{16}$	ou	3,84
un becker	$\frac{3,84 \text{ lit.}}{8}$	ou	0,48
un muth	30 fois 61,5 lit.	ou	1845

1243. La livre valant			560 gr.
une once vaut	$\frac{560 \text{ gr.}}{16}$	ou	35
un loth	une demi-once	ou	17,5

un quintin vaut	le quart d'un loth	ou	4,37	gr.
un pfenning	le quart d'un quintin	ou	1,09	
un stone	20 fois 560 gr.	ou	11,2	kil.
un quintal	100 fois 560	ou	56	
un saum	275 fois 560	ou	154	
un karch	4 fois un quintal	ou	224	

FIN.

TABLE DES MATIÈRES.

	Pages.
Numération.	1
Addition des nombres entiers.	2
Soustraction des nombres entiers.	6
Multiplication des nombres entiers.	11
Division des nombres entiers.	16
Fractions ordinaires.	20
Addition des fractions ordinaires.	22
Soustraction des fractions ordinaires.	27
Multiplication des fractions ordinaires.	31
Division des fractions ordinaires.	35
Fractions décimales.	39
Addition des nombres décimaux.	40
Soustraction des nombres décimaux.	43
Multiplication des nombres décimaux.	45
Division des nombres décimaux.	47
Quotients évalués en décimales.	52
Nombres complexes.	54

Pages.

Comparaison des mesures de longueur, anciennes et nouvelles. 65
Formation des carrés. 68
Comparaison des mesures de surface, anciennes et nouvelles. 74
Formation des cubes. 78
Comparaison des mesures de volume, anciennes et nouvelles. 82
Comparaison des poids, anciens et nouveaux. 86
Comparaison des monnaies, anciennes et nouvelles. 90
Règle de 3 simple. 92
Règle de 3 composée. 99
Questions sur l'intérêt de l'argent. 107
Questions sur les rentes. 117
Questions sur les escomptes. 122
Questions sur les assurances. 139
Questions de sociétés. 141
Problèmes divers. 153
Questions sur les mélanges et les alliages. 169
Questions sur la nouvelle monnaie. 181
Questions sur la valeur des matières d'or et d'argent. 189
Questions sur les monnaies étrangères. 195
Questions sur les changes et les arbitrages. 196
Questions sur les fonds publics étrangers. 200
Questions sur les progressions par différences. 202
Questions sur les progressions par quotients. 210
Questions sur les intérêts composés. 214

Pages.

Questions sur les annuités et les amortissements. 218
Questions relatives aux rentes viagères, aux assurances sur la vie des hommes et aux tontines. 227
Questions sur les nombres figurés. 233
Questions sur les permutations et les combinaisons. 235
Questions sur la loterie. 238
Questions sur les primes. 242
Questions sur le jeu de dés. 245
Règles des moyennes. 251
Questions de géométrie. 258
Questions d'astronomie. 277
Questions sur les calendriers. 283
Questions de géodésie et de géographie. 303
Questions de mécanique. 314
Questions de physique. 320
Questions de chimie. 337
Problèmes sur la métrologie ancienne. 343
Problèmes sur la métrologie moderne. 360

FIN DE LA TABLE DES MATIÈRES.

www.ingramcontent.com/pod-product-compliance
Ingram Content Group UK Ltd.
Pitfield, Milton Keynes, MK11 3LW, UK
UKHW012151240726
13966UKWH00002B/258

9 782011 953087